丛枝菌根真菌与溶磷细菌对大豆生物量及根腐病病情指数等的影响

Effects of Arbuscular Mycorrhizal Fungi and Phosphate-solubilizing Bacteria on Soybean Biomass and the Disease Index of Soybean Root Rot

● 接伟光 著

哈爾濱工業大學出版社
HITP HARBIN INSTITUTE OF TECHNOLOGY PRESS

内 容 简 介

本书主要介绍丛枝菌根真菌与溶磷细菌对大豆生物量及根腐病病情指数等的影响。本书共4章：第1章主要阐述中国大豆的需求与生产现状、菌根与根际促生菌诱导的植物抗性形成机理研究进展等内容；第2章介绍土壤微生物菌群组成分析及根内根孢囊霉对大豆生物量的影响；第3章介绍根内根孢囊霉对大田大豆生物量及根际土壤微生物的影响；第4章介绍根内根孢囊霉与溶磷细菌对大豆生物量的影响。本书旨在为大豆迎茬障碍的生物防治提供必要的理论基础，同时为促进我国大豆产业发展，提升黑龙江省有机绿色大豆生产地位，提高大豆产量，改善大豆品质做出贡献。

本书主要面向从事土壤微生物学、植物学相关研究的科研工作者。

图书在版编目(CIP)数据

丛枝菌根真菌与溶磷细菌对大豆生物量及根腐病病情指数等的影响/接伟光著. —哈尔滨:哈尔滨工业大学出版社,2024.8. —ISBN 978-7-5767-1590-3

Ⅰ. S565.1;S435.651

中国国家版本馆 CIP 数据核字第 2024WP9360 号

策划编辑 杜 燕
责任编辑 张 颖
出版发行 哈尔滨工业大学出版社
社 址 哈尔滨市南岗区复华四道街10号 邮编 150006
传 真 0451-86414749
网 址 http://hitpress.hit.edu.cn
印 刷 哈尔滨市工大节能印刷厂
开 本 787 mm×1 092 mm 1/16 印张 8.75 字数 178 千字
版 次 2024年8月第1版 2024年8月第1次印刷
书 号 ISBN 978-7-5767-1590-3
定 价 78.00元

前　言

大豆是世界上重要的粮食及经济作物，在我国拥有广大的种植面积。然而，由于有限的土地资源及利益的驱动，在我国大豆种植区迎茬种植及农药滥用现象普遍存在。大豆迎茬种植会导致土壤理化性质恶化、土壤肥力失衡、微生物群落组成发生变化、土传病害加重等问题，致使大豆产量降低、品质变劣。在农业生产中，迎茬条件下农民主要通过施用化肥来提高大豆产量，但长期施用化肥会破坏土壤结构，导致土壤养分失衡，自毒物质积累，大豆根腐病病情加重。丛枝菌根（arbuscular mycorrhizal，AM）真菌具有提高作物抗病性和抗逆性、降解土壤中有机污染物、提高作物产量等作用。溶磷细菌可将土壤中的难溶性磷转化为可溶性磷，增加作物对磷的吸收利用，从而促进作物分泌生长激素并抑制病原菌生长。此外，溶磷细菌通过加速对土壤中有机磷的矿化，能够提高 AM 真菌对磷元素的吸收与利用。

基于多年的科研成果，本书系统地介绍了中国大豆的需求与生产现状、农药残留问题、AM 真菌与植物根际微生物间互作机制研究现状、菌根与根际促生菌诱导的植物抗性形成机理研究进展等。本书对正茬与迎茬大豆田土壤特征参数、根际土壤微生物菌群组成等进行了分析。通过盆栽接种试验，分析了根内根孢囊霉对正茬与迎茬大豆生物量的影响；通过大田接种试验，探讨了根内根孢囊霉对正茬与迎茬大豆田大豆植株 AM 真菌侵染率、大豆根腐病病情指数、AM 真菌孢子密度、大豆生物量、大豆根系及根际土壤微生物菌群组成的影响；筛选出大豆根际土壤溶磷细菌，并通过盆栽接种试验，探讨了根内根孢囊霉与溶磷细菌对大豆植株 AM 真菌侵染率、大豆根腐病病情指数、AM 真菌孢子密度、大豆生物量等的影响。在撰写过程中，作者参考了大量国内外文献，并做出对比分析。本书旨在为大豆迎茬障碍的生物防治提供必要的理论基础，同时为促进我国大豆产业发展，提升黑龙江省有机绿色大豆生产地位，提高大豆产量，改善大豆品质做出贡献。

本书由黑龙江大学接伟光撰写，全书共 4 章：第 1 章介绍中国大豆的需求与生产现状、菌根与根际促生菌诱导的植物抗性形成机理研究进展等内容；第 2 介绍土壤微生物菌群组成分析及根内根孢囊霉对大豆生物量的影响；第 3 章介绍根内根孢囊霉对大田大豆生物量及根际土壤微生物的影响；第 4 章介绍根内根孢囊霉与溶磷细菌对大豆生物量的影响。

本书在撰写过程得到了黑龙江大学各位领导和同事的支持，在本书出版之际谨向他（她）们表示诚挚的谢意！

由于作者水平有限，书中难免存在不足之处，恳请读者提出宝贵意见。

作　者

2024 年 6 月

目　录

第1章　绪　论

1.1　中国大豆的需求与生产现状

大豆是全球第四大粮食作物，具有丰富的营养价值，含有人体所需的多种氨基酸，尤其是赖氨酸、亮氨酸、苏氨酸等人体必需氨基酸含量较高。大豆中含有丰富的脂肪，可作为食用油原材料。大豆中的异黄酮具有抗氧化、抗炎、预防动脉硬化等作用，是一种生物活性物质。然而，我国大豆产量较低，近年来在国家对大豆产业的大力扶持下，我国大豆产量逐年上升，但我国大豆需求量较高，约80%的大豆仍需进口。为满足国民的大豆需求、实施好新形势下国家粮食安全战略、应对复杂的国际贸易环境、提高我国大豆生产量、提升国产大豆的自给水平，我国推出一系列相关政策及计划促进大豆行业发展。2020年时，我国大豆种植面积达到1.48亿亩（1亩≈667 m^2），平均亩产量约为132.4 kg。大豆种植面积较大的省份主要有黑龙江、内蒙古、安徽，其中黑龙江省的大豆种植面积居于首位，占全国大豆总种植面积的48%以上，大豆产量在全国大豆总产量中占比超过40%。然而，黑龙江省的气候问题不利于大豆全年种植，在大豆产量供需矛盾下，农民为追求短期利益，往往采用密植、迎茬及重茬等种植方式来增加产量。

在农业生产中，根据作物上下茬口的衔接方式不同，种植方式可以分为正茬、迎茬和重茬。正茬，即在同一块地上种植其他作物两年以上再种植此种作物；迎茬，即同一块地，第一年种植一种作物，第二年更换另一种作物，第三年种第一年所种的作物；重茬，即在同一块地上连续两年或数年种植同一种作物。大豆重茬、迎茬种植会引起土壤理化性质恶化，土壤肥力下降，降低微生物数量，增加土传病害风险及产生自毒现象等问题，严重影响植株生长发育。重茬、迎茬种植大豆不仅会过度消耗土壤中的养分，导致土壤肥力下降，而且会影响大豆根际微生物群落结构，加大土壤传播病害的风险，从而降低大豆产量。此外，重茬、迎茬种植还会降低土壤酶活性，影响土壤的代谢，对土壤中有机物合成及分解造成阻碍。

根腐病是一种由真菌引起的传播广泛、病害严重的植物疾病。根腐病会导致植物根部腐烂，影响其对水分和养分的吸收，造成植株衰败、死亡，最终导致作物减产。根腐病通常由多种病原侵染引起，根腐病的主要病原菌为尖孢镰刀菌（*Fusarium oxysporum*）、半裸镰孢菌（*F. semitectum*）、粉红粘帚霉（*Gliocladium roseum*）、立枯丝核菌（*Rhizoctonia* solani)、大豆疫霉菌(*Phytophthora sojae*)和腐霉菌(*Pythium* sp.)。因气候、温度及地域的差异,根腐病致病菌也呈现一定的多样性,*F. oxysporum* 是黑龙江省大豆根腐病的主要致病菌。大豆在整个生长时期均可感染根腐病,根腐病发病初期,只有少量副根或根须感染,此时几乎不影响植株吸收水分及养分。副根感染后病菌会逐渐向主根蔓延,主根染病后会影响根系对营养元素的吸收及利用,此时地上部分未出现染病现象。根腐病感染后期,植株根系腐烂加剧,逐渐丧失对水分和养分的吸收功能,地上部分会出现黄叶、枯萎及根皮变褐等现象,最后植株死亡。研究表明,大豆迎茬种植会降低土壤 pH,使土壤由中性变为酸性,有利于 *F. oxysporum* 及其他真菌的生长,并抑制细菌和放线菌的繁殖,导致根腐病加剧;迎茬种植也会导致根际微生物结构发生显著变化,土壤类型由细菌占优势的高肥力土壤逐渐过度为真菌占优势的低肥力土壤。此外,研究表明,大豆迎茬种植会增加土壤中酚酸等根系分泌物含量,从而增加 *Fusarium* 等主要致病菌的丰度。为缓解大豆根腐病问题,农民往往采用喷洒农药的方式来解决,但农药的施用会带来较多负面影响。

1.2 农药残留问题

喷洒农药作为防治植物病虫害及保障作物产量的重要手段,被广泛地应用于农业生产中。过去几十年来,农药对作物产量的增加起到了重要作用。自 1960 年以来,世界上水稻、小麦及玉米的平均产量增加了一倍,但农药的使用量却增加了15 ~20倍。农药具有广谱性、疏水性、持久性及抗降解性。无论是农药的直接施用,还是间接添加,水果、蔬菜甚至粮食中都可能含有农药的残余物。有机氯农药(organochlorine pesticides,OCPs)等亲脂性农药可附着在动物和人体的脂肪组织中,对人类健康造成威胁。人类目前能接触到的 OCPs 主要来源于乳制品、肉类及鱼类等高脂肪食品。此外,食用在污染土壤中种植的蔬菜和水果也会接触到 OCPs。研究表明,超过 90% 的有机氯农药污染物来自于食物,而 OCPs 在动物组织中的蓄积现象已成为全球性健康风险问题。著名的有机氯农药 DDT 于 1939 年被发现具有杀虫效果,在全球范围内被广泛使用。20 世纪 DDT 主要用于农作物生产和牲畜饲养过程中的害虫控制,对防治疟疾及黑死病也发挥着重要作用。据世界卫生组织(The World Health Organization,WHO)统计,DDT 挽救了 5 000 多万疟疾患者的生命,但 DDT 的大量使用却对生态及人类健康造成了严重威胁。有机磷农药(organophosphorus pesticides,OPPs)是使用最广泛的杀虫剂之一,销量占全球杀虫剂销售量的 34% 。OPPs 的大量使用导致其在粮食作物、土壤、地表水、海湾、地下水及饮用水中都有不同程度的残留。虽然 OPPs 通常以痕量浓度存在于水中,但多数 OPPs 有剧毒,会对非靶标生物及人类健康产生潜在威胁,如引起神经性视觉障碍,影响呼吸及伤害女性生殖系统,甚至会引发癌症和遗传毒性等。

1.3 丛枝菌根真菌概述

菌根是植物根系与某些真菌形成的共生体，菌根的真菌菌丝使植物能从土壤中吸收更多的养分，刺激植物根系发育，促进植物生长。根据在植物根系的着生部位及形态特征，菌根可分为内生菌根（endomycorrhiza）、内外生菌根（ectedomycorrjizae）和外生菌根（ectomycorrhizae）。内生菌根又分为泡囊-丛枝菌根（vesicular-arbuscular mycorrhizal，VAM）、兰科菌根（orichid mycorrhizae）和杜鹃类菌根（ericoid mycorrhizae）。VAM由孢子、丛枝、菌丝和泡囊四部分组成，是分布最广泛的一类菌根。研究发现，并非所有的VAM菌根均可在侵入植物根际后形成泡囊，丛枝是这类菌根更为稳定的特征，因此国内外学者普遍将其称为丛枝菌根（arbuscular mycorrhizal，AM）。

AM真菌是植物根际最重要的土壤微生物之一，其可与80%的陆地植物形成共生体，在提高土壤肥力、增加植物营养、提升诱导植物抗性及次生代谢等方面发挥着重要作用。AM真菌还可形成稳定的土壤团聚体，提升植物对干旱胁迫的抵抗力，提高对土壤病原体的抗性。目前，关于AM真菌的应用效应已在多种作物的研究中得到证实，如接种AM真菌可以增加总叶绿素和提升光系统Ⅱ功能来促进植物的生长；连作大豆苗期接种摩西管柄囊霉（*Funneliformis mosseae*）可改变根际真菌群落结构，能有效防治大豆根腐病；大豆接种根内根孢囊霉（*Rhizophagus intraradices*）与摩西管柄囊霉（*F. mosseae*）能显著提高大豆的生物量。

植物根系周围相对较小的土壤受根系分泌物直接影响的区域称为根际，该区域的特点是微生物活性较高。AM真菌可以和80%以上的陆生植物形成共生关系受AM真菌及植物所影响的根际区域称为菌根圈（mycorrhizosphere）。AM真菌侵染后会显著提高宿主植物根际的生物活性，这一现象通常被称为菌根圈效应。菌根圈效应会吸引和选择特定的微生物，如具有促进植物生长和抑制致病菌繁殖特性的细菌。根际信号吸引有益微生物的情况并不罕见，如植物分泌的萜内酯可帮助AM真菌定位宿主的萌发信号，刺激AM真菌菌丝的生长，促进真菌侵染；大豆所产生的根状异黄酮能吸引内生固氮菌——大豆慢生根瘤菌（*Bradyrhizobium japonicum*）；玉米根系分泌物中的苯并噁嗪类代谢物可以吸引恶臭假单胞菌（*P. putida*）。此外，一些特殊的细菌可以促进菌丝体的延伸、侵染及共生，而AM真菌会显著提高细菌的繁殖及代谢能力，同时二者可共同促进宿主植物的生长发育、抗病性和抗逆性。而植物会为菌根及细菌提供相应的营养物质，研究发现，植物的根部可产生多达40%的光合产物，为土壤微生物提供了丰富的能量。菌根圈效应使植物、AM真菌及细菌之间形成三重共生，三者的协同作用会显著提高各自的生物活性。

AM真菌对丰富生态系统多样性和提升生态系统稳定性有重要作用。接种AM真菌后通过产生丛枝,改变大豆植株根系结构并向土壤中释放大量次级代谢产物(黄酮类、醛类等),对土壤中有害真菌的繁殖进行抑制,降低有害微生物数量,保证有益微生物在土壤中所占的比例,进而改变作物根际土壤环境。AM 真菌可以缓解迎茬种植所产生的问题,黄酮类、醛类等次级代谢产物可以促进 AM 真菌孢子萌发和菌丝分枝形成,促进大豆植株根系增长增粗,使大豆根尖表皮加厚、细胞层数增多,加强对土壤中养分的吸收,促进大豆植株生长。AM 真菌作用于根际土壤中所增加的有益微生物,可以提升大豆抗逆性,减少土传疾病的患病风险,也可以从改善根际细菌群落结构,增强土壤结构稳定性等多个方面促进大豆植株生长。

此外,AM 真菌可以通过降低病原体及害虫引起的病害,调节植物过氧化物酶、过氧化氢酶活性及水杨酸浓度,对蚜虫侵染进行防御,提高植株生物量。AM 真菌还可以对病原菌进行防治,降低病原菌的 DNA 数量,防止大豆猝死综合征的发生。不仅如此,AM 真菌还可以与其他菌根的辅助细菌联合作用来提高作物产量。

许多研究表明,AM 真菌对土壤中阿特拉津、多环芳烃、DDT 及磷硫等有机污染物的降解具有促进作用。菌根对有机污染物的影响可能通过菌丝分泌酶的直接作用,微生物活性和菌群结构的间接作用,以及 pH、渗透压的变化对有机污染物产生影响。目前,AM 真菌与土壤中有机污染物相互作用的机理尚不清楚,但 AM 真菌可增加土壤微生物活性及改变根系菌群的结构,这对土壤中有机污染物的降解起关键作用。研究发现,AM 真菌能够提高土壤酶的活性,如磷酸酶和脱氢酶。脱氢酶是一种氧化还原酶,是催化有机物氧化还原反应的胞内酶。研究表明,微生物脱氢酶活性是衡量毒性的最敏感的参数之一,碱性磷酸酶参与菌根植物磷的获取,而这两种酶在菌根的代谢过程中起关键作用。有机污染物如阿特拉津是最常见的农业除草剂之一,根际土壤中阿特拉津的降解程度与脱氢酶和磷酸酶活性有关。Huang 等在接种幼套球囊酶(*Glomus etunicatum*)后发现菌根和根外菌丝可促进阿特拉津在土壤中的降解,改变土壤酶活性和总磷脂脂肪酸;Wu 等发现,AM 真菌可显著提升根际土壤中细菌和真菌脱氢酶的活性;HUANG 等发现,AM 真菌对玉米根中阿特拉津的降解率较高,可显著降低土壤中阿特拉津的残留浓度。

农药在目标和非目标环境中造成的污染一直是众多学者研究的热点,由于二次污染低、降解完全及效率高等特点,生物降解被广泛应用于农药污染物的处理。微生物特别是细菌由于其简单的细胞组织和极强的适应能力近年来在土壤脱毒及残留农药的降解中发挥着重要作用。目前,已发现的农药降解菌有假单胞菌(*Pseudomonas*)、黄杆菌(*Flavobacterium*)、粘质沙雷菌(*Serratia marcescens*)、氮单胞菌(*Azomonas*)、阴沟肠杆菌(*Enterobacter cloacae*)、微球菌(*Micrococcus*)、恶臭假单胞菌(*P. putida*)、铜绿假单胞(*P. aeruginosa*)、结核分枝杆菌(*Mycobacterium tuberculosis*)、枯草芽孢杆菌(*Bacillus. subtilis*)、变形假单胞菌(*P. plecoglossicida*)等。此外,农药的降解也可以通过微生物酶来实现,可使有机污染物进一步降解，如水解 OPPs 的有机磷酸水解酶中的磷酸三酯酶(phosphotriesterases，PTEs)和羧酸酯酶(carboxylesterases，CbEs)。研究发现，芽胞杆菌(*Bacillus* sp.)、农杆菌属(*Agrobacterium*)、假单胞菌(*Pseudomonas* sp.)、黄杆菌(*Flavobacterium* sp.)等都可以合成有机磷降解酶。其中，有些农药降解菌在促进植物生长发育方面也有不错的效果，如肠杆菌属(*Enterobacter*)、贝莱斯芽孢杆菌(*Bacillus velezensis*)、枯草芽胞杆菌(*B. subtilis*)及克雷伯菌属(*Klebsiella*)等。菌根圈效应使 AM 真菌的菌丝影响根际土壤的性质，吸引一些特殊的农药降解菌并显著增强其生物活性，如 *Enterobacter* 和 *Bacillus* 是近年来研究较多的具有降解有机污染物特性的植物根际促生菌(plant growth promoting rhizobacteria，PGPR)。

1.4　AM 真菌与植物根际微生物间互作机制研究现状

菌根圈中存在着与 AM 真菌孢子、根外菌丝体和菌根密切相关的多种微生物群落，它们能够促进 AM 真菌孢子萌发、菌丝生长和 AM 真菌定殖等。该类微生物还可通过解磷、固氮、产生植物激素、拮抗病原菌、减轻植物病害等途径直接或间接促进植物生长。此外，AM 真菌根外菌丝在土壤中扩展，又可直接促进菌根圈内多种细菌在土壤中的传播，尤其可增加溶磷菌在根际的定殖数量。溶磷菌可以促进植物对磷的吸收和利用，并稳定微生物群落的多样性。固氮细菌可以促进植物对氮的利用，并且当植物被 AM 真菌侵染后这种能力会增强。AM 真菌与固氮菌，尤其是与共生固氮菌之间具有较强的协同作用。AM 真菌的分泌物激活了一定种类的微生物，并与其相互作用，增加酚类物质的分泌，促进植物细胞壁木质化，从而抑制 *F. oxysporum* 等真菌侵染植物根系。AM 真菌与根际微生物通过诱导植物根系分泌植保素，降低根部病害发病率和病情指数，进而提高植物抗病性。AM 真菌与酵母菌的联合作用能够提高向日葵对炭腐病(macrophomina phaseolina)的防御能力。AM 真菌能够与植物根际的木霉属菌(*Tcichoderma*)、粘帚霉属菌(*Gliocladium*)、链霉菌(*Streptomyces*)、假单胞菌属(*Pseudomonas*)等促生菌形成协同作用，降低植物土壤传播病害的发病率。AM 真菌可以直接或间接影响植物根际促生菌的群落组成和定殖，这与菌根能产生一些对植物根际促生菌有抑制或促进作用的次生代谢产物，改变根系分泌物的化学组成，进而有选择性地抑制或促进植物根际促生菌的作用机制是分不开的。抑病土壤的发现是微生物群通过介导保护植物免受土壤病原菌感染的最佳实例。抑病土壤中特定微生物群的协同作用，干扰了土传病害的病原体生命周期的某些阶段，从而抑制病原体生长。通过在土壤中建立良好的微生物网络，可有效地增加有益微生物的数量，启动诱导防御机制，控制植物病虫害的发生。

AM 真菌与根际促生菌的协同作用可能包括多种形式。为了充分发挥不同 AM 真菌与其他微生物组合的功能互补性，不仅要对具有特定功能的菌株进行分离和鉴定，而且要对影响其行为的时空环境和条件进行研究。然而，由于已知的 AM 真菌的种名和属名被重新命名，很难将不同的 AM 真菌孢子相关的微生物群落进行准确分类，限制了对其功能的进一步研究。目前，可用作接种剂的 AM 真菌基因型数量较少，并且缺乏从 AM 真菌相关微生物中分离到的菌株制备的创新型接种剂产品。此外，由于缺乏对 AM 真菌相关微生物基因表达调控的研究，阻碍了菌根圈微生物多样性及其与 AM 真菌功能互补、提高菌根活性和寄主植物生长状况的研究。菌根与非菌根植物根际微生物群落结构不同，相关研究揭示了与 AM 真菌相关的细菌群落的复杂性和多样性，并表明植物生长促进细菌能够增强 AM 真菌的活性。为了揭示 AM 真菌与根际促生菌间的交互作用对植物产生的协同效应，分离根际优势促生菌并对其功能进行深入研究是至关重要的。研究一定生态条件下、一定种类植物中 AM 真菌与根际促生菌相互作用的效应，筛选出高效组合菌种，为确定菌根圈内各微生物间的理想组合奠定了基础。菌根围有益微生物种类和数量的增加可增强生物防治效果。因此有必要系统深入研究 AM 真菌与根际促生菌对植物病害的影响。然而，有关 AM 真菌与连作大豆根际促生菌的种间关系仍不十分清楚，这很有可能是植物根系-根际土壤-根际微生物组成的根际微生态系统内多种因素综合作用的结果。

1.5 菌根与根际促生菌诱导的植物抗性形成机理研究进展

在自然条件下，许多微生物可以寄生在植物体表或体内，但由于植物自身具有防御机制，可以来抵抗病害的侵染，植物病害的发生率较低。AM 真菌能够增强抗氧化酶的活性，增强植物的防御能力，这种由 AM 真菌-植物-根际微生物相互作用形成的植物免疫系统，AM 真菌、土传病原菌和植物寄生线虫互相竞争根空间，特定根系上侵染点的数量决定病原体侵染的程度。多数情况下，当植物被病原菌侵染后，被侵染部位可通过局部组织迅速坏死的方式（hypersensitive response，HR）阻止感染范围的进一步扩大，非侵染部位对病原感染产生广谱抗性，即系统获得抗性（systemic acquired resistance，SAR）。AM 真菌的定殖可改变根结构，植物器官生理特性的改变，有助于植物防御机制的启动。菌根诱导的抗性（mycorrhiza-induced resistance，MIR）为寄主植物提供了系统性保护，以抵御各种攻击者，与 SAR 和根际非病原微生物定殖后形成的诱导系统抗性（induced systemic resistance，ISR）具有相似的特征。ISR 是植物促进微生物协助其增强对多种病原体防御能力的重要手段。MIR 的形成可能是植物对 AM 真菌侵染的直接反应和根际非病原微生物诱导产生 ISR 的间接免疫反应的累积效应。在 MIR 对抗病原体的过程中，水杨酸（salicylic acid，SA）或茉莉酸（jasmonic acid，JA）信号途径似乎占主导地位。SA 是植物体内普遍存在的一种小分子酚类物质，能够参与植物对病原体的防御过程，将病害和创伤信号传递到植物的其他部位,从而产生 SAR。SA 能够增激发植物多种防御机制,如植保素及其有关合成酶、病程相关蛋白与多种活性氧的产生,从而提高植物的抗病性。SA 生物合成的关键酶为苯丙氨酸解氨酶。SA 是植物产生 HR 和 SAR 必不可少的条件。伴随 HR 和 SAR 发生的是病原相关蛋白(pathogenesis-related proteins,PRs)基因的表达。在具有相同抗病基因的情况下,植物抵御病原菌的防御反应发生与否,或在强度和速度上的差异,可能会诱导防御反应的信号存在差异。JA 是植物对外界伤害和病原菌侵入做出反应,从而诱导抗性基因表达的信号分子。JA 被认为是促进植物形成免疫系统的主要因素,并导致 MIR 的形成。此外,植物激素乙烯(ethylene,ET)也是植物免疫系统的重要调节因子,MIR 和 ISR 与 ET 调节的防御系统的启动密切相关。ET 信号通路可调控大豆及其他豆科植物的结瘤并提高植物的抗病性。

植物诱导抗性由相互连接的信号通路网络调控,其中植物激素起主要调节作用。AM 真菌能够促进植物激素脱落酸(abscisic acid,ABA)的产生。ABA 通过木质部和韧皮部养分的迁移,形成一种长距离 MIR 信号传递给幼苗,从而促进细胞壁防御的启动。除植物激素外,小 RNA 分子也可作为长距离防御信号。AM 真菌诱导的小 RNA 分子和 DNA 甲基化的系统性变化,可能与小 RNA 分子在 MIR 的远程调控中的作用有关。细菌诱导的 ISR 的潜力与细菌的种类、根系分泌物的化学信号、细胞密度和竞争微生物的代谢活性等有关。目前,已鉴定的 ISR 诱导物包括抗生素(如2, 4-二乙酰基间苯三酚和绿脓素)、N-酰基高丝氨酸内酯、铁调节的铁载体和生物表面活性剂等。菌根圈的空间结构可以使根际有益细菌达到极高的细胞密度,从而抑制病原微生物的繁殖。由此可知,在根际生态圈中,AM 真菌、根际促生菌和植物根系形成了统一整体,在应对土传病害和营养物质可利用性等方面发挥着重要作用。AM 真菌与根际促生菌间的协同作用,促进了对根际致病菌的防御,提高了植株的防御能力,增强了生态系统的稳定性。然而,植物如何塑造其根际微生物菌群结构,它们是否能够通过调节其结构来提高植物的免疫功能,AM 真菌和根际促生菌诱导产生的根系分泌物的含量变化是否会影响根际微生物的组成,植物防御与病原微生物致病基因表达变化对植物的生长和保护有何影响,以及如何利用这些信息来指导农业可持续发展的仍有待进一步研究。在分子水平上深入研究 AM 真菌与根际促生菌协同作用的机制,将为筛选和确定具有协同作用的组合提供理论依据。

近年来,转录组学分析技术已被广泛地应用于植物抗性研究中,通过转录组学分析能够从基因层面探究植物抗性形成的机理。利用 AM 真菌和植物根际促生菌作为防御基因启动子可能是植物防御病原菌的重要手段,能够作为农业作物病害管理的重要方法。尽管研究者们已经在菌根和根际促生菌诱导的植物抗性等方面取得了许多成果,但是有关菌根和根际促生菌诱导的连作大豆植株抗性形成的机制尚需进一步研究。

1.6 溶磷微生物概述

1.6.1 溶磷微生物分类

溶磷微生物数量约为土壤微生物总数的十分之一，且种类繁多。溶磷微生物可以分为溶磷细菌、溶磷真菌和溶磷放线菌，其中以溶磷细菌的种类及数量最多，主要包括芽孢杆菌属（*Bacillus*）、不动杆菌属（*Agrobacterium*）、假单胞菌属（*Pseudomonas*）、固氮菌属（*Azotobacter*）、拟杆菌属（*Micrococcus*）、肠杆菌属（*Enterobacter*）及肠球菌属（*Enterococcus*）等。溶磷真菌的种类主要包括青霉属（*Penicillium*）、曲霉属（*Aspergillus*）、AM 真菌等。溶磷放线菌主要包括链霉菌属（*Streptomyces*）和小单孢菌属（*Micromonospora*）等，链霉菌属放线菌大多数喜腐化的环境并且好氧，广泛存在于自然界中。

1.6.2 溶磷微生物的溶磷机制

（1）有机酸溶磷。

溶磷微生物的溶磷机制十分复杂，其中有机酸溶磷被认为是溶磷微生物溶磷的主要机制。溶磷菌在代谢过程中会分泌小分子有机酸，不仅能够降低土壤环境中的 pH，而且可以与金属阳离子螯合进而溶解土壤中的难溶性磷。当有效磷浓度低于某一值时，溶磷微生物就会分泌有机酸。不同溶磷菌分泌的有机酸差异很大，边武英等研究的溶磷真菌可分泌乙酸、丙酸、乳酸、苹果酸、柠檬酸等。真菌分泌的有机酸包括酒石酸、丁二酸、柠檬酸、草酸、乙酸等。不同有机酸对于难溶性磷的溶解效果也不相同。

（2）质子溶磷。

质子溶磷也被认为是溶磷微生物的主要溶磷机制之一，通过溶磷微生物的质子泵将氢离子分泌至细胞外，从而溶解难溶性磷，将其转化为有效磷。Ahuja 等研究发现，青霉可通过铵根离子的同化作用产生质子，降低环境的 pH，从而起到溶磷作用。

（3）酶溶磷。

溶磷微生物可以通过分泌胞外酶对有机磷进行解酶。在土壤缺磷的情况下，微生物会产生各种酶类，如植酸酶、核酸酶和磷酸酶等。这些酶可加速植酸、核酸、磷脂等含磷有机化合物的分解，促进磷素释放，从而增加植物磷素营养。其中，对磷素代谢起重要作用的是磷酸酶，其分酸性和碱性两种，酸性磷酸酶为细菌和植物根系的产物，而碱性磷酸酶则仅由土壤中的细菌合成。较低的磷含量往往能促使植物根系和微生物分泌大量的磷酸酶，促进有机磷的分解。

(4)无机酸和硫化氢溶磷。

一些化能自养型的溶磷微生物能产生硫酸、硝酸等无机酸或硫化氢,将 PO_4^{3-} 转化成 $H_2PO_4^-$ 或 HPO_4^{2-},从而促进植物对土壤中磷素的吸收。有研究发现,亚硝酸菌属(*Nitrosomonas*)和硫杆菌属(*Thiobacillus*)能产生硝酸和硫酸,可以溶解磷化合物。研究发现,溶磷微生物能产生硫化氢,产生的硫化氢与磷酸铁反应后产生硫酸亚铁,同时释放出磷素,但无机酸的溶磷能力明显低于有机酸。

1.6.3 溶磷微生物研究现状

刘云华等筛选了洋葱伯克霍尔德氏菌,并对其溶磷能力进行了分析,优化了培养条件。Subhashini 研究发现,化肥配施溶磷真菌和解钾菌菌株可提升土壤中磷和钾的有效性,改善叶片品质,增强植株生长活力。Qurban 等研究了溶磷菌在高 Al 低 pH 的促进水稻幼苗生长的机制,证明了溶磷菌在提高 pH 的同时降低了磷浓度,促进了水稻的生长。李文谦等对解磷菌培养的代谢产物进行了初步研究,发现有机酸、磷酸酶、多糖、蛋白质等物质的分泌与枯草芽孢杆菌的溶磷作用有关。刘玉凤等从红花根际土壤中筛选出具有较高溶磷能力的假单胞菌属(*Pseudomonas*),并对其培养条件进行优化。孙孝文等筛选出一株高效溶磷且抑真菌的溶磷菌,经鉴定为水生拉恩氏菌(*Rahnella aquatilis*),该菌对防治植物真菌病害、提高肥效具有一定的作用。Mahdi 等发现,溶磷的假单胞菌可诱导藜麦发芽和幼苗生长,且证明在盐渍土、重金属污染土壤和锌污染土壤的环境中,溶磷菌具有一定的应用效果。

1.6.4 溶磷微生物的促生作用

磷是植物生长发育过程中不可缺少的元素之一,对促进植物生长发育及新陈代谢有着举足轻重的影响。对于缺磷或低磷的土壤,施用溶磷菌能提高土壤中难溶性磷的有效性,促进作物生长发育。溶磷菌通过产生葡萄糖酸溶解磷酸三钙,促进玉米对土壤中磷素的吸收,显著促进玉米植株及根系的生长。此外,肠杆菌和沙雷氏菌(*Serratia*)被证实可在植物生长基质中存活,在大豆及玉米中进行定殖可促进植物对土壤中磷素的吸收,增加其生物量。当生物有机磷与溶磷菌联合使用时,小麦的叶绿素含量、作物生长速率及生物量都显著提升。

1.6.5 溶磷微生物与 AM 真菌的促生作用

AMF 在植物根部进行定殖会向土壤中释放大量碳元素,促进溶磷菌的生长。溶磷菌通过加速对土壤中有机磷的矿化,提高了土壤中磷的有效性。当土壤中有效磷增加时,溶磷菌刺激 AMF 菌丝生长,溶磷菌活性受真菌刺激加速溶解土壤中难溶性磷酸盐;当土壤中有效磷减少时，二者对磷进行竞争，但溶磷菌活性并不受真菌影响。此外，AMF 通过分泌果糖调节其蛋白分泌系统，刺激了细菌中磷酸酶基因的表达，并提高磷酸酶释放到生长介质中的速率，使溶磷菌可以快速将无效的磷化合物进行溶解，再由 AMF 吸收并转运到寄主植物中，促进植物生长发育。

1.7 目的与意义

大豆（*Glycine max*（L.）merr.）是一种重要的经济作物，为人们提供了丰富的脂质以及蛋白质资源，具有较高的营养及经济价值。黑龙江地区是我国大豆主产区，大豆种植面积以及产量在我国大豆产业中均排第一。近年来，大豆需求量逐年上涨，大豆迎茬种植现象日益严重。大豆迎茬种植会使大豆病虫害加重、产量降低、品质变劣，已经成为限制大豆高产和稳产的重要因素。大豆迎茬种植所引起的常见的病害是根腐病，因其具有土壤传播、多病原菌复合侵染和初期症状隐蔽等特点被普遍认为是一类较难防治的病害。黑龙江省大豆根腐病主要致病菌包括镰刀菌属（*Fusarium*）、丝核菌属（*Rhizoctonia*）、疫霉菌属（*Phytophthora*）、被孢霉属（*Mortierella*）和腐霉菌属（*Pythium*）等真菌，其中尖孢镰刀菌（*Fusarium oxysporum*）是黑龙江省大豆根腐病的最主要致病菌。*F. oxysporum* 能使受感染植物木质部导管发生堵塞和萎蔫，并在生长过程中分泌胞外毒素（如镰刀菌酸和脱氢镰刀菌酸），对植物细胞质膜和原生质体造成伤害，从而引起植株代谢紊乱，导致植物患病。

大豆迎茬种植的危害是多方联合作用的结果，如根际土壤中微生物菌群结构变化、土壤中次级代谢产物富集、土壤酶活性发生变化等。土壤修复的主要方法之一是恢复土壤微生物区系，增加植物的养分供应，从而提高植物抗病性，改善植物的生长状况并提高作物产量。AM 真菌是土壤微生态系统中植物根系及微生物形成的互惠共生体，广泛存在于土壤中。AM 真菌能够显著促进寄主植物对营养元素的吸收，增强植物防御酶（苯丙氨酸解氨酶、β-1,3 葡聚糖酶、过氧化物酶、超氧化物歧化酶、过氧化氢酶、多酚氧化酶、几丁质酶等）的活性，从而促进植株生长，增强植物的抗病性及抗逆性等。AM 真菌在维持生态系统多样性以及微生物生态系统稳定性等方面也具有重要的作用。然而，随着作物连作年限的增加以及化学肥料的使用，土壤中 AM 真菌物种丰富度和菌根孢子密度逐年下降，导致 AM 真菌所发挥的功能降低。目前，AM 真菌已被广泛应用于不同作物种植中，并已证明 AM 真菌具有改善及修复植株根际土壤微环境的作用。尽管 AM 真菌群落与生态系统功能密切相关，但有关 AM 真菌与溶磷菌对迎茬大豆生物量的影响有待深入研究。

基于上述研究现状，本书以黑龙江省主栽的非转基因大豆品种黑农 48（病害敏感型的高蛋白品种）作为研究对象，对正茬与迎茬种植大豆的土壤特征参数、AM 真菌孢子密度进行了分析。采用 Illumina HiSeq 2500 高通量测序技术分析了正茬与迎茬种植大豆时,根际土壤微生物菌群结构变化。通过盆栽试验,接种在黑龙江地区连作大豆田中筛选的优势 AM 真菌——根内根孢囊霉(*Rhizophagus intraradices*),分析其对正茬与迎茬种植的大豆植株生物量的影响;通过 *R. intraradices* 大田接种试验,探讨 *R. intraradices* 对正茬与迎茬种植大豆时,大豆植株中 AM 真菌侵染率、大豆根腐病病情指数、AM 真菌孢子密度、大豆植株生物量、大豆根系及根际土壤微生物菌群组成的影响;从迎茬种植的大豆植株根际土壤中分离筛选溶磷,并对其溶磷特性进行测定。将 *R. intraradices* 与溶磷能力最强的细菌以不同处理方式进行盆栽大豆接种试验,探讨 *R. intraradices* 与溶磷细菌对大豆植株 AM 真菌侵染率、大豆根腐病病情指数、AM 真菌孢子密度、大豆植株生物量等的影响,旨在为大豆迎茬种植时的生物防治的研究提供理论依据,同时为促进我国大豆产业发展,提高大豆产量,改善大豆品质做出贡献。

第2章　土壤微生物菌群组成分析及根内根孢囊霉对大豆生物量的影响

2.1　概　述

大豆是我国重要粮食作物之一,具有较高的营养价值,蛋白质、脂肪含量丰富,还含有异黄酮、皂苷及大豆低聚糖等有益于人体健康的活性物质。

土壤中微生物菌群在维持土壤生态系统多样性方面具有重要的作用。作物迎茬种植会影响土壤微生物菌群组成,抑制有益微生物生长,促进病原微生物生长,从而导致作物严重减产。作物种植方式以及种植作物种类等均会对土壤酶活性、微生物菌群和土壤养分产生影响。因迎茬种植引起的大豆减产问题已引起人们重视。大豆迎茬种植会导致其根际土壤微生物生态环境发生变化,土壤 pH 下降,土壤类型由高肥的“细菌型”向低肥的“真菌型”转化,病原真菌数量显著增加,大豆产量降低。近年来,研究者们主要采用末端限制性片段长度多态性(T-RFLP)、变性梯度凝胶电泳(DGGE)、高通量测序等技术分析了大豆田土壤细菌菌群组成。然而,有关正茬与迎茬种植大豆时土壤细菌与真菌菌群组成的相关研究较少。

AM 真菌是根际微生物的主要组成部分,约占土壤微生物生物量的 30%。此外,AM 真菌可以侵染 90% 以上的陆生植物根系,包括水稻、小麦、马铃薯和大豆等重要作物。AM 真菌能够促进作物吸收营养物质与水分,提高作物抗逆性与抗病性,进而提高作物产量。近年来,科研工作者们为了减少化肥和化学农药对作物产生的负面影响,一直在探索环境友好型措施。目前,AM 真菌对不同作物生长的影响已经被证实。然而,根内根孢囊霉(*R. intraradices*)在正茬与迎茬种植大豆时对生物量的影响尚未有研究。

本章对正茬与迎茬种植大豆时,土壤特征参数、AM 真菌孢子密度进行了分析。采用 Illumina HiSeq 2500 高通量测序技术分析了正茬与迎茬种植大豆时根际土壤微生物菌群组成变化。通过盆栽接种试验,分析 *R. intraradices* 在正茬与迎茬大豆生物量的影响,旨在为大豆迎茬种植的研究提供科学依据,并为大豆在迎茬种植过程中的生物防治提供必要的理论基础。

2.2　材料与方法

2.2.1　研究地点概况

试验样地设在黑龙江东方学院试验站(N45°39′,E126°36′)。试验站地处中国东北平原的东北部地区的哈尔滨市。该区域属于中温带大陆性季风气候,土壤类型为黑土。试验设置正茬(大豆-玉米-玉米-大豆)、迎茬(玉米-大豆-玉米-大豆)2 个试验区,每个试验占地各 3 亩。大豆品种为黑农 48(病害敏感型的高蛋白品种,蛋白质平均含量①为 45.23%,脂肪平均含量为 19.50%)。采用人工播种,全生产期均不施肥。

2.2.2　样本采集

采用棋盘式取样法分别采集上述正茬及迎茬大豆种植的根际土壤样本。在各试验区随机选取 10 点,去表层土壤后收集 15 ~ 20 cm 深土层土壤样本,过筛后混合均匀,一部分保存于-80 ℃环境中,另一部分保存于阴凉通风处。每个土壤样本进行 3 个生物学重复。

2.2.3　土壤特征参数分析

(1)pH 测定。

依据《土壤 pH 的测定》(NY/T 1377—2007)标准,分别测定正茬及迎茬种植大豆时根际土壤中的 pH。

(2)有机质含量的测定。

依据《土壤有机质测定法》(GB 9834—1988),分别测定正茬及迎茬种植大豆时根际土壤有机质含量。

(3)总氮含量的测定。

依据《肥料总氮含量的测定》(NY/T2542—2014),分别测定正茬及迎茬种植大豆时根际土壤总氮含量变化。

(4)硝态氮含量的测定。

利用双波长法分别测定正茬及迎茬种植大豆时根际土壤硝态氮含量。

(5)铵态氮含量的测定。

利用孙玉芳的测定方法,分别测定正茬及迎茬种植大豆时根际土壤铵态氮含量。

(6)全磷含量的测定。

依据《土壤全磷测定法》(GB T9837—1988),分别测定正茬及迎茬种植大豆时根际土

① 除特殊说明外,含量均指质量分数。

壤全磷含量。

(7)速效磷含量的测定。

利用孙玉芳的测定方法,分别测定正茬及迎茬种植大豆时根际土壤速效磷含量。

(8)速效钾含量的测定。

利用孙玉芳的测定方法,分别测定正茬及迎茬种植大豆时根际土壤速效钾含量。

2.2.4 AM 真菌孢子密度测定

利用湿筛倾析-蔗糖离心法对正茬及迎茬种植大豆时根际土壤中 AM 真菌孢子密度进行测定,具体步骤如下。

(1)分别称取 50 g 不同土壤样本置于烧杯中,加入 100 mL 蒸馏水浸泡 30 min,用玻璃棒搅动使土样松散。

(2)浸泡完成后,继续用玻璃棒缓缓搅拌土壤溶液,停留数秒使杂物沉淀,将 3/4 的上清液缓慢倒入上层筛子中,筛子孔径数目为 40 目、80 目、120 目、240 目、280 目。接着向烧杯中加入 50 mL 蒸馏水,重复操作,直到烧杯土壤溶液澄清后,将其全部倒入筛网中。

(3)用蒸馏水轻轻冲洗筛出物,防止上层筛面的剩余物中夹带 AM 真菌孢子。

(4)将 280 目筛子上的残余物用蒸馏水冲洗到 100 mL 的离心管中,用 3 000 r/min 的速率离心 3 min,离心后立即弃去上清液,并重复一次此操作。

(5)向离心管中加入 60 mL 60% 的蔗糖溶液,并使悬浮物沉淀用 3 000 r/min 的速率离心2 min,重复 2 次,中间不必倒掉蔗糖溶液。离心之后,将上清液置于 280 目筛网上,用蒸馏水冲洗,将蔗糖充分洗去。

(6)将筛出物轻轻冲洗到一个 85 mm 的清洁的培养皿中,在冲洗的筛出物中,除砂石、颗粒及杂质外,均含有不同的 AM 真菌孢子。

(7)AM 真菌孢子密度测定。

①目测视野法。用 85 mm 的培养皿盛放 AM 真菌孢子,用体式显微镜的 4 倍镜观察,此时显微镜下有 289 个视野。随机转动 40 个视野并统计每个视野中的孢子数,取平均数后乘 289 即为孢子总数。若孢子数大于 40,则将培养皿中的孢子液稀释,混匀后重新计算孢子数并乘稀释倍数;若视野中的孢子数小于 3 ~4 个,则采用直接计数法。

②直接计数法。将孢子悬浮液转移至试管中,混匀,吸取 1 mL 悬浮液置于培养皿中,计算孢子数,重复 4 次,计算出平均数后乘以稀释倍数,得出孢子数,每个处理重复 3 次。

2.2.5 土壤微生物菌群组成分析

(1)DNA 提取。

从混合均匀的土壤样本中取 1.0 g 土壤,采用土壤 DNA 提取试剂盒提取微生物基因组 DNA。采用 DNA 纯化试剂盒对提取的土壤微生物基因组 DNA 进行纯化后,用 1.0%

琼脂糖凝胶电泳对进行检测。利用 NanoDrop 2000 超微量分光光度计测定土壤微生物基因组 DNA 浓度。保存在-80°C 的环境中备用。

(2)PCR 扩增及高通量测序。

本研究以细菌通用引物 335 F(5′-CADACTCCTACGGGAGGC-3′)和 769R(5′-ATC-CTGTTTGMTMCCCVCRC-3′)对细菌 16SrDNA 的 V3～V4 区域进行 PCR 扩增。以真菌通用引物 ITS1F(5′-CTTGGTCATTTAGAGGAAGTAA-3′)和 ITS2(5′-GCTGCGTTCTTCATCGATGC-3′)对真菌 ITS1 区域进行 PCR 扩增。PCR 反应体系均为：5 μmol/L引物各 0.8 μL,2.5 mmol/L dNTP 2.0 μL,FastPfu Buffer 4.0 μL,FastPfu Polymerase 0.4 μL,模板 DNA 10 ng,加 ddH_2O 至 20 μL。PCR 反应条件为:95 ℃预变性 5 min;95 ℃变性 30 s,50 ℃退火 30 s,72 ℃延伸 40 s,30 个循环,72 ℃延伸 7 min。利用 1.0%琼脂糖凝胶电泳检测 PCR 扩增产物。采用 PCR 产物纯化试剂盒对 PCR 扩增产物进行纯化后,将其送至百迈客生物科技有限公司,在 Illumina HiSeq 2500 测序平台上进行高通量测序,每个土壤样本进行 3 个生物学重复。

(3)高通量数据分析。

为了获得更高质量、更精准的生物信息,对进行 Illumina HiSeq 2500 高通量测序的原始数据进行质量控制。采用 QIIME v1.8.0 软件对原始 DNA 序列进行处理,利用 FLASH v1.2.7 软件进行序列拼接。将小于 200 bp 且平均碱基质量分数小于 20 的低质量序列或含有模糊碱基的序列去除。嵌合体通过 UCHIME 检测并消除。相似性大于等于 97%的优质序列聚为一个操作分类单元(operational taxonomic unit,OTU)。通过 GenBank 内 BLAST 算法对 OTU 进行分类和识别。土壤微生物菌群的丰富度、多样性和测序深度采用 Ace 指数、Chao1 指数、Shannon 指数、Simpson 指数和 Coverage 进行评价。分别绘制不同样本在门水平和属水平上的微生物菌群分布柱状图,对不同根际土壤样本的微生物菌群组成进行分析与比较。绘制 Heatmaps 以显示不同根际土壤样本 OTU 丰度的差异。利用 UPGMA 分析法判断不同样本间的相似性关系。

2.2.6　盆栽试验

(1)试验材料。

①大豆品种。黑农 48(病害敏感型的高蛋白品种,蛋白质平均含量为 45.23%,脂肪平均含量为 19.50%),购自黑龙江省农业科学院。

②AM 真菌。根内根孢囊霉(*R. intraradices*)由课题组成员从连作大豆根际土壤中筛选获得,现保存于黑龙江东方学院微生物学实验室。

③*R. intraradices* 扩繁。

a. 基质准备。将土壤与细沙过 40 目筛后,以土壤、细沙和蛭石(体积比为 5∶2∶3)混合物为基质,121 ℃间歇灭菌 1 h,保存备用。

b. 播种。将播种容器表面消毒后装入 2/3 的灭菌基质，浇无菌水至基质含水量达到饱和状态。均匀撒入 40 g *R. intraradices* 母菌剂，撒少量无菌水。覆上述灭菌基质 0.5 cm，均匀撒入25 g紫花苜蓿种子，撒少量无菌蒸馏水。覆上述灭菌基质 3 cm，撒少量无菌水。定期浇水，出芽后继续种植 4 个月即可收获。

c. 收获。停止浇水后，置于阴凉通风处，自然晾干，弃去苜蓿地上部分，地下部分剪碎后，与基质充分混匀，置于阴凉通风处保存备用。

④试验所用土壤。2.2.1 节中正茬(0y 表示)与迎茬(1y 表示)种植大豆的土壤。

(2)试验设计。

大豆播种日期为 2018 年 5 月 10 日，收获日期为 2018 年 10 月 15 日。试验在黑龙江东方学院微生物学实验室进行，温度为(23±1) ℃，日光照周期为 8 h，湿度为 50% ±5%。试验采用随机区组设计，正茬与迎茬种植大豆的土壤各设置 6 种处理：①自然土壤条件下接种 *R. intraradices* 菌剂，InN；②自然土壤条件下接种灭活 *R. intraradices* 菌剂，NonN；③自然土壤条件下不接种*R. intraradices* 菌剂，用以对照，CkN；④灭菌土壤条件下接种 *R. intraradices* 菌剂，InM；⑤灭菌土壤条件下接种灭活 *R. intraradices* 菌剂，NonM；⑥灭菌土壤条件下不接种 *R. intraradices*，用以对照，CkM。每盆装土量为 12 kg，每种处理设置 5 个生物学重复。

土壤灭菌条件：121 ℃灭菌 2 h，间隔 24 h 同样条件下再灭菌 1 次。

大豆种子在 75% 乙醇中进行表面消毒 5 min，然后用无菌蒸馏水冲洗至少 10 次，将消毒后的大豆种子播种于盆中(每盆播种 6 株，出芽后留苗 3 株)，定期浇水。

R. intraradices 菌剂接种及大豆播种方式：将 *R. intraradices* 菌剂(每盆施用 6 g)均匀铺满表层土，在菌剂上方均匀地铺 1 ~2 cm 厚的土壤，然后将大豆种子均匀地撒在土层上方，最后在大豆种子上方均匀地铺 1 ~2 cm 厚的土壤。

(3)AM 真菌侵染率测定。

分别在大豆出苗后 30 d、60 d、90 d 及 120 d 随机选取大豆根系的 50 个根段，采用碱解离-酸性品红染色法测定 AM 真菌侵染率，具体步骤如下。

①固定。将随机选取的根段用蒸馏水反复冲洗干净，自然晾干，切成约 1 cm 长的小根段后，置于 FAA 固定液(福尔马林 5 mL，冰醋酸 5 mL，70% 乙醇 90 mL，用的时候稀释 1 倍)中浸泡，固定时间 4 h 以上。

②净化。取出固定好的根段，用蒸馏水反复冲洗，自然晾干后放入装有 10% KOH 溶液的试管中，使根样完全浸溶液中，在 90 ℃水浴锅中加热 1h。

③清洗。加热结束后，弃去 KOH 溶液，用蒸馏水冲洗根样，直至试管中水溶液澄清且无 KOH 溶液残留。

④酸化。向试管中加 5% 乳酸溶液完全浸泡根样，浸泡时间约 5 min。

⑤染色。在试管中加入酸性品红染色液，完全浸泡根样，水浴 90 ℃加热 1 h。

⑥脱色。将染色完毕的根样取出，于乳酸甘油溶液中浸泡脱色，清除根样中多余染液；然后将根样置于甘油中，避免脱色过度。

⑦制片。将根样取出后放置在滴有甘油的载玻片上，盖上盖玻片。

⑧镜检。在光学显微镜下观察根样表皮细胞及组织结构中的 AM 真菌菌丝和孢子等，并计算菌根侵染率。

AM 真菌侵染率=(AM 真菌侵染的跟段数/检测根段数)×100%，重复 3 次。

大豆出苗后 150 d，取地下 5 cm 处根际土壤，测定 AM 真菌孢子密度，重复 3 次。

(4)大豆生物量测定。

分别在大豆出苗后 30 d、60 d、90 d、120 d，随机选取不同处理方式的大豆植株各 3 株，测定其地上部分鲜重、地上部分干重、地下部分鲜重、地下部分干重、株高、茎粗、根长。在大豆出苗后 150 d，测定不同处理方式的大豆植株百粒重。

①地上部分鲜重。以茎与根连接点为标记，取大豆植株地上部分，测定其质量，以克(g)为单位，每个处理重复 3 次。

②地上部分干重。以茎与根连接点为标记，取大豆植株地上部分，105 ℃ 10 min 杀青，80 ℃烘至恒重后测定干重，以克(g)为单位，每个处理重复 3 次。

③地下部分鲜重。以茎与根连接点为标记，取大豆植株根系，用流水将根系表面土壤冲洗干净，自然晾干后，测定其质量，以克(g)为单位，每个处理重复 3 次。

④地下部分干重。以茎与根连接点为标记，取大豆植株根系，用流水将根系表面土壤洗净后，105 ℃、10 min 杀青，80 ℃烘至恒重后测定干重，以克(g)为单位，每个处理重复 3 次。

⑤株高。从大豆植株茎与根的连接处开始至大豆植株最高点的距离，以厘米(cm)为单位，每个处理重复 3 次。

⑥茎粗。大豆植株根与茎部连接处的直径，以毫米(mm)为单位，每个处理重复 3 次。

⑦根长。从大豆植株根系末端至茎与根的连接处的距离，以厘米(cm)为单位。

⑧百粒重。大豆出苗后 150 d 从每个处理方式中随机选取 100 粒大豆籽粒，测定其质量，以克(g)为单位，精确至 0.01 g，每个处理重复 3 次。

2.2.7　数据统计

数据处理与方差分析均使用 SPSS 20.0(SPSS Inc., Chicago, Illinois, USA)软件完成，所有结果均以 3 次重复“平均值±标准误”来表示，显著水平为 $P<0.05$，使用 Origin 8.5软件作图。

2.3　结果与分析

2.3.1　正茬与迎茬种植大豆时根际土壤特征参数分析

由表2.1可知,在正茬与迎茬种植的大豆根际土壤特征参数中,除铵态氮外,迎茬种植的大豆根际土壤速效钾、速效磷、有机质、硝态氮、全磷、总氮以及pH均呈现降低趋势,说明迎茬种植对大豆根际土壤特征参数影响较大。大豆迎茬种植土壤呈现酸化现象,土壤理化性质变劣,这一情况的出现可能会影响土壤中微生物菌群组成,进而对作物生长产生负面影响。

表2.1　大豆根际土壤生理生化指标

指标	正茬(0y)	迎茬(1y)
铵态氮/(mg·kg^{-1})	21.58±0.82	23.12±0.71
速效钾/(mg·kg^{-1})	27.13±0.62	24.84±0.66
速效磷/(mg·kg^{-1})	26.02±0.45	22.64±0.72
有机质/(g·kg^{-1})	20.16±0.56	18.23±0.42
硝态氮/(mg·kg^{-1})	16.36±0.28	14.52±0.17
全磷/%	0.97±0.13	0.94±0.42
总氮/%	0.28±0.07	0.17±0.05
pH	7.16±0.04	6.87±0.03

2.3.2　土壤中AM真菌孢子密度分析

通过湿筛倾析-蔗糖离心法对正茬与迎茬种植的大豆根际土壤中AM真菌孢子密度进行测定,测定结果见表2.2。

表2.2　正茬与迎茬大豆根际土壤AM真菌孢子密度　个/g

土壤类型	AM真菌孢子密度
正茬(0y)	5.3±0.6
迎茬(1y)	2.4±0.4

由表2.2可知,迎茬种植的大豆根际土壤中AM真菌孢子密度显著下降,说明大豆迎茬种植不利于AM真菌的生存,这可能与迎茬种植的大豆根际土壤理化性质变劣有关。

2.3.3　根际土壤中细菌菌群组成分析

(1)根际土壤中细菌多样性分析。

通过对正茬与迎茬种植的大豆田土壤细菌 16S rDNA 的 V3 ~ V4 区利用 Illumina HiSeq 2500 进行高通量测序,共获得原始序列 480 143 条,经去除低质量序列、Barcode 序列和引物序列后,共产生 453 486 条有效序列,每个样本至少产生 74 789 条有效序列,每个样本平均产生 75 581 条有效序列。使用 Usearch 软件对有效序列在 97% 的相似度水平下进行聚类,获得 OTU,经过 Silva 分类学数据库的注释以及对 OTU 分析后,共获得 1 882 个细菌 OTU。细菌 16S rDNA 的 V3 ~ V4 区测序的 OTU 覆盖率(Coverage)数值均在 99.8% 以上(表 2.3),表明继续增加测序深度不会产生新的 OTU。

表 2.3　土壤样本中细菌多样性指数

样本 ID	OTU	ACE	Chao1	Simpson	Shannon	Coverage
Non0YSB1	1 877	1 905.011	1 920.46	0.003 6	6.562 7	0.998 6
Non0YSB2	1 886	1 910.678	1 929.50	0.003 4	6.599 0	0.998 3
Non0YSB3	1 893	1 914.579	1 924.29	0.003 6	6.573 2	0.998 4
Non1YSB1	1 874	1 900.731	1 914.25	0.004 7	6.462 8	0.998 2
Non1YSB2	1 862	1 888.958	1 890.56	0.004 8	6.458 9	0.998 3
Non1YSB3	1 875	1 903.438	1 905.79	0.005 0	6.426 4	0.998 2

注:Non0YSB 和 Non1YSB 分别表示正茬与迎茬种植的大豆根际土壤中的细菌;末位数字代表 3 个生物学重复。

由表 2.3 可知,迎茬种植的大豆土壤中的细菌菌群 OTU 数量、ACE 和 Chao1 指数均低于正茬种植的大豆土壤,表明迎茬种植的大豆土壤中的细菌菌群丰富度相对较低,即细菌物种数量相对较低。通过分析正茬与迎茬种植的大豆土壤中细菌菌群的 Simpson 和 Shannon 指数可以得出,迎茬种植的大豆土壤中细菌菌群多样性均低于正茬种植的大豆土壤。由此可知,正茬种植的大豆土壤中细菌菌群组成更为丰富和多样。

(2)稀释性曲线。

从测试样本中随机选取一定数量的 DNA 序列,计算它们所代表的物种数,利用 DNA 序列数与物种数绘制稀释性曲线。稀释性曲线能够用于判断测试样本中物种数的丰富程度,并可验证测序数据量是否足以反映测试样本中的物种多样性。本研究将序列相似度为 97% 的 DNA 序列分为一个 OTU,并进一步构建不同样本的稀释性曲线(图 2.1)。

由图 2.1 可知,急剧上升的稀释性曲线表明有大量新物种被发现,当稀释性曲线逐渐趋于平缓时,表明被检测到的新 OTU 数目不再增加,即被测试样本测序量达到要求,样本量充足,反映出样品测序深度较高,可以满足后续分析要求。此外,由图 2.1 可知,各测试土壤样本稀释性曲线整体趋势相似,每个样本中至少有 1 862 个 OTU,表明各测试土壤样

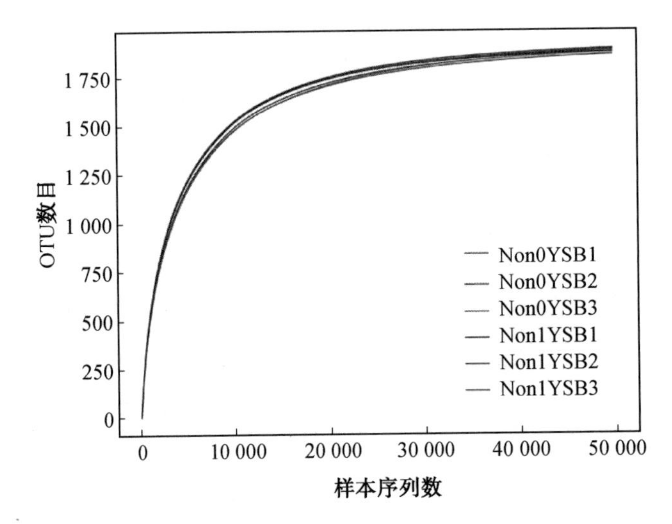

图 2.1　基于 HiSeq 2500 高通量测序的土壤样本细菌菌群稀释性曲线(彩图见附录)

本中细菌菌群组成均较为复杂,并且能够准确地反映各样本中物种丰度的变化。

(3)Shannon 指数曲线。

通过 Shannon 指数能够反映各测试土壤样本在不同测序数量时的细菌多样性,采用 Mothur 软件与 R 语言工具根据不同测序深度时的 Shannon 指数来绘制多样性 Shannon 指数曲线(图 2.2),以探究不同土壤样本中细菌的多样性。Shannon 指数越大,物种越丰富。

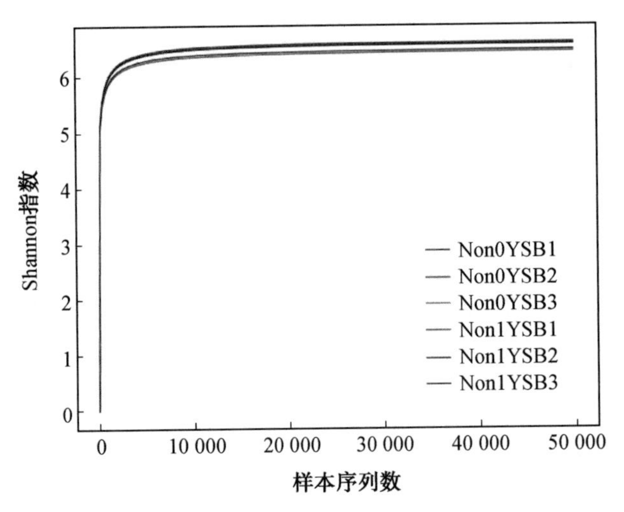

图 2.2　不同土壤样本中细菌菌群 Shannon 指数曲线(彩图见附录)

由图 2.2 可知,各土壤样本起始阶段的 Shannon 指数曲线均陡峭,表明有大量新的 OTU 被发现。随着测序数量的增加,Shannon 指数曲线逐渐趋于平坦,说明测序的数据量达到一定程度,OTU 数量不再随着测序量的增大而增长,表明本研究中各土壤样本的测序量达到测序要求,可以准确地反映各土壤样本中的细菌多样性。

(4)等级丰度曲线。

等级丰度曲线可反映不同样本所含物种的丰富度及均匀度,不同土壤样本中所含细菌的丰富度如图 2.3 所示。等级丰度曲线的横轴越长、曲线越宽,表示物种越丰富。样本中所含物种的均匀度由等级丰度曲线的陡峭程度表示,曲线越平缓,表明其物种越均匀。

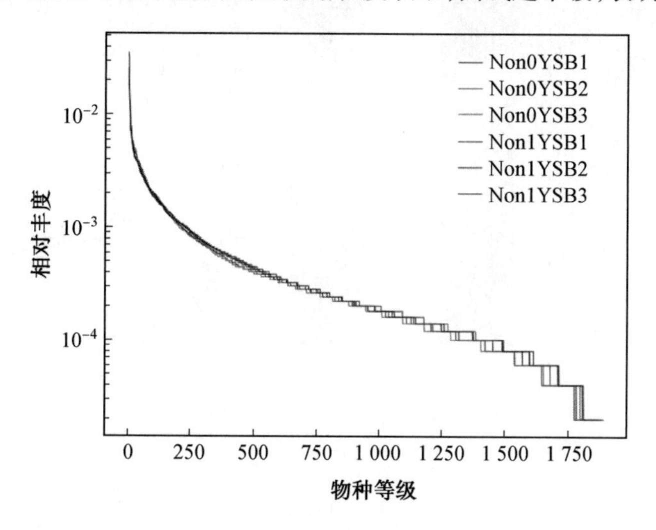

图 2.3　不同土壤样本中细菌菌群等级丰度曲线(彩图见附录)

由图 2.3 可知,各土壤样本等级丰度曲线整体趋势较为相似,各土壤样本细菌丰富度和均匀度均符合要求,且随着测序深度的增加,等级丰度曲线趋于平缓,表明各土壤样本中细菌的丰富度与均匀度均较高,细菌数量以及细菌种类均较复杂,能够进行后续细菌多样性及其菌群结构分析。

(5)根际土壤细菌菌群分布柱状图。

正茬与迎茬种植的大豆土壤中细菌菌群在门分类水平上的分布情况如图 2.4 所示。

由图 2.4 可知,两个土壤样本中各细菌类群所占比例存在差异,优势细菌菌群主要分布于 20 个门。变形菌门(Proteobacteria)为正茬与迎茬种植的大豆土壤细菌菌群中最具优势的细菌门,所占比例分别为 31.27% 和 30.55%,而其他优势细菌门在正茬与迎茬种植的大豆土壤细菌菌群中的占比存在较大差异。酸杆菌门(Acidobacteria)、放线菌门(Actinobacteria)、绿弯菌门(Chloroflexi)和芽单胞菌门(Gemmatimonadetes)依次为正茬种植的大豆土壤细菌菌群中其他最具优势细菌门,所占比例分别为 25.59%、11.84%、9.67% 和 9.35%。然而,在迎茬种植的大豆土壤细菌菌群中其他最具优势的细菌门依次为 Actinobacteria、Acidobacteria、Chloroflexi 和 Gemmatimonadetes,所占比例分别为20.74%、16.93%、13.28% 和 6.81%。

正茬与迎茬种植的大豆土壤细菌菌群在属分类水平上的分布情况如图 2.5 所示。

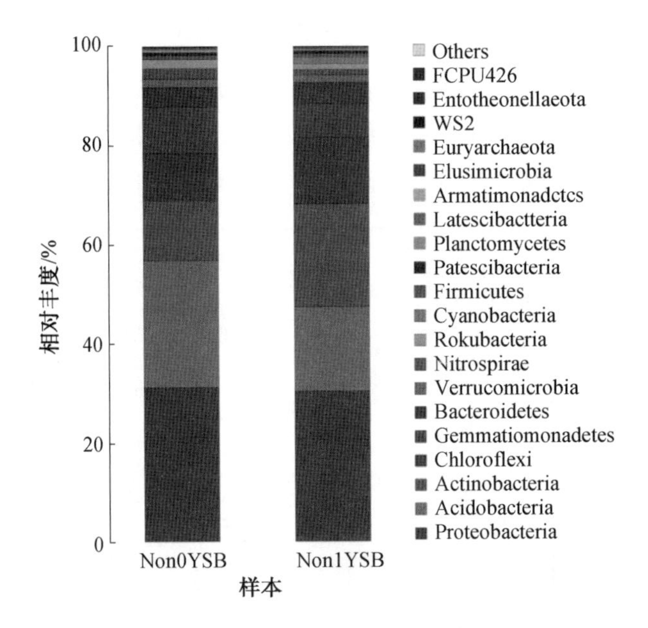

图 2.4　正茬与迎茬种植的大豆土壤中细菌菌群在门分类水平上的分布情况(彩图见附录)

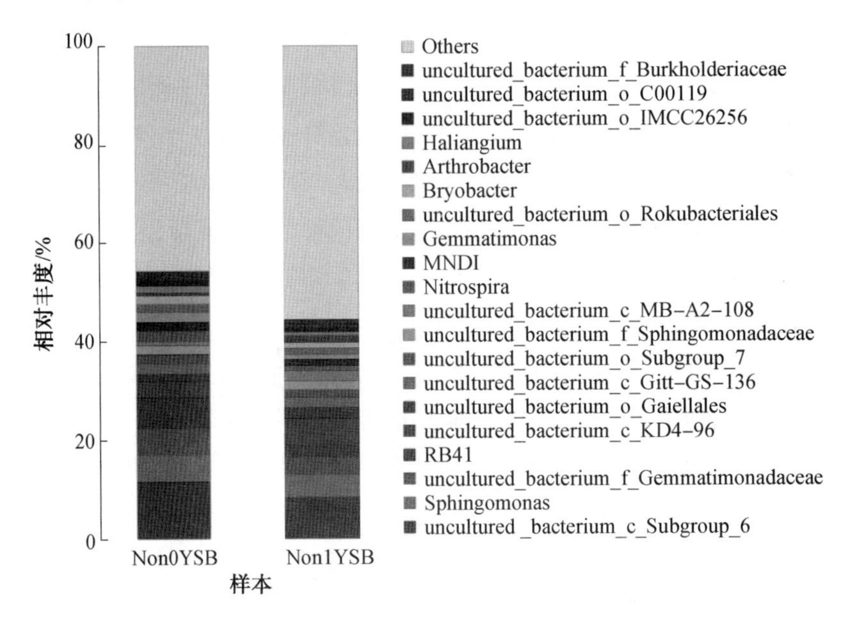

图 2.5　正茬与迎茬种植的大豆土壤细菌菌群在属分类水平上的分布情况(彩图见附录)

与门分类水平上的分布情况相似,两个土壤样本中各细菌菌群组成和主要优势细菌所占比例存在较大差异。其中,两个样本中 20 个优势细菌菌属分别占正茬与迎茬种植的大豆土壤细菌 OTU 总数的 54.47% 和 44.45% 。其中,uncultured_bacterium_c_Subgroup_6 菌属为正茬与迎茬种植的大豆土壤细菌菌群中最具优势的细菌属,所占比例分别为 11.61% 和 8.40% ,而其他优势细菌属在正茬与迎茬种植的大豆土壤细菌菌群中存在较大差异,如 RB41 为正茬种植的大豆土壤细菌菌群中第二优势细菌属,所占比例为

6.28%。然而，在迎茬种植的大豆土壤细菌菌群中第二优势细菌属为鞘氨醇单胞菌属（*Sphingomonas*），所占比例为4.53%。结果表明，大豆种植方式影响土壤细菌菌群组成和主要优势属所占比例。

（6）根际土壤细菌菌群物种丰度聚类热图。

在细菌属水平上对两个土壤样本（每个土壤样本进行3个生物学重复）所含细菌菌属进行聚类分析，根据聚类后各土壤样本中不同OTU数目，对应所含序列的丰度作出热图（图2.6），依据热图中颜色梯度的变化，可以在细菌属水平上反映出正茬与迎茬种植的大豆土壤细菌菌群结构的差异性。

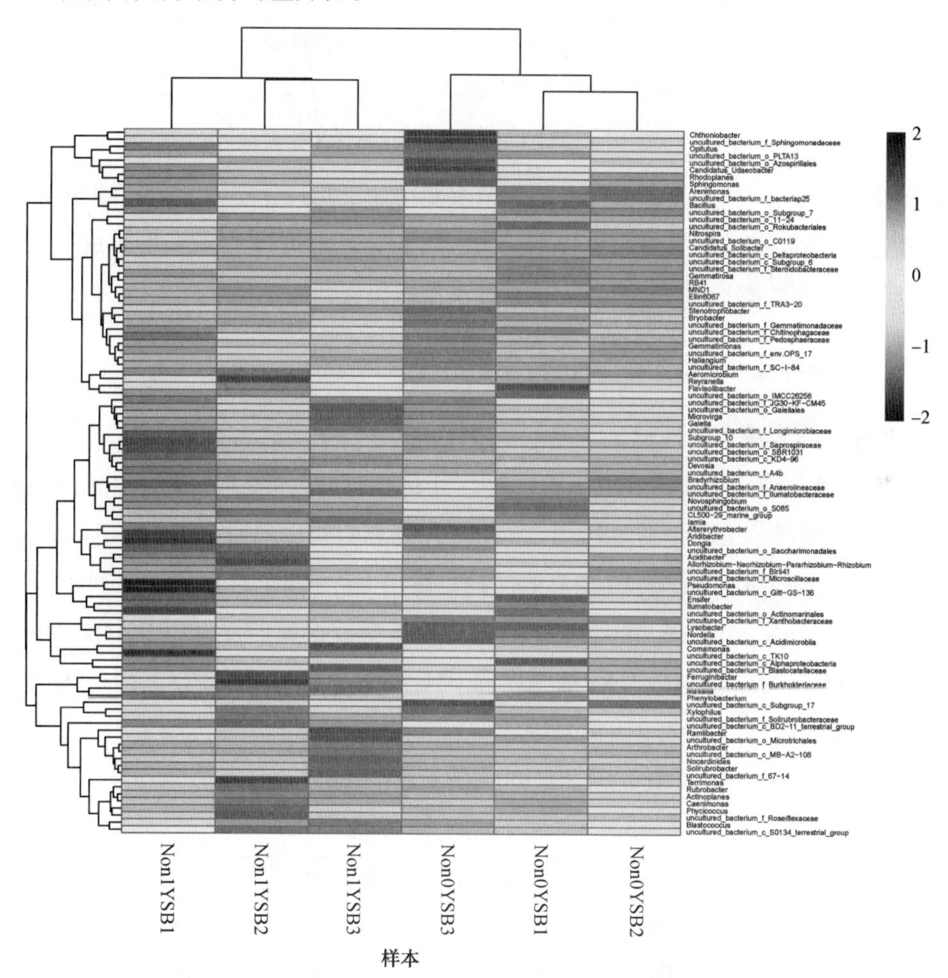

图2.6 不同样本中最丰富的100个细菌属的热图（彩图见附录）

由图2.6可知，正茬与迎茬种植的大豆土壤样本中细菌优势属及其相对丰度受大豆种植方式影响较大，两个样本中优势细菌属及其相对丰度具有显著差异。

（7）UPGMA分析。

UPGMA分析是一种能够对不同样本进行层次聚类分析的方法，也称为非加权组平均法。该分析方法可以通过对树状结构的分析与比较,直观地分析出不同样本间的相似性关系。本研究通过对不同根际土壤样本细菌高通量测序序列进行 UPGMA 分析(图 2.7),结果表明,不同根际土壤样本细菌菌群组成存在较大差异。

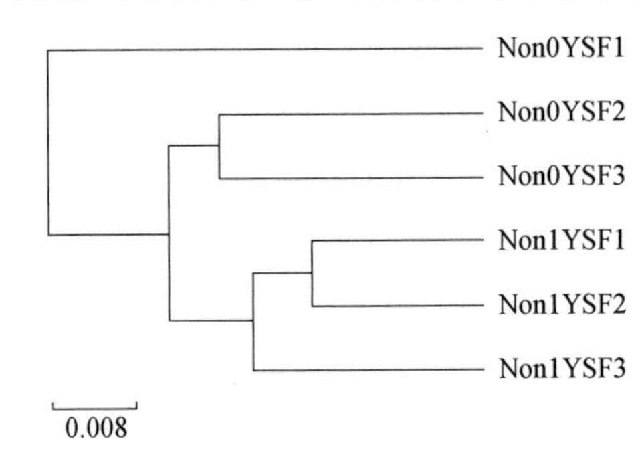

图 2.7　不同土壤样本中细菌菌群 UPGMA 聚类树

由图 2.7 可知,同一类型土壤样本的 3 个重复均处于同一分支中,表明其细菌菌群组成具有高度相似性,而不同类型土壤样本处于不同分支中,表明其细菌菌群组成存在显著差异,说明大豆种植方式显著影响根际土壤细菌菌群组成。

2.3.4　根际土壤真菌菌群组成分析

(1)根际土壤真菌多样性分析。

通过对正茬与迎茬种植的大豆土壤真菌 ITS1 区进行 Illumina HiSeq 2500 高通量测序后,将获得的原始序列去除低质量序列、Barcode 序列和引物序列后,共产生 435 094 条有效序列,每个样本平均产生 72 516 条有效序列。使用 Usearch 软件对有效序列在 97% 的相似度水平下进行聚类,获得 OTU,经过 UNITE 分类学数据库的注释以及 OTU 分析后,共获得 149 个真菌 OTU。真菌 ITS1 区测序的 OTU 覆盖率(coverage)数值均在 99.9% 以上(表 2.4),表明测序文库已经达到饱和。

表 2.4　土壤样本中真菌多样性指数

样本 ID	OTU	ACE	Chao1	Simpson	Shannon	Coverage
Non0YSF1	140	187.3705	189.5	0.2102	2.2464	0.9991
Non0YSF2	128	176.8719	176.0	0.2023	2.1988	0.9990
Non0YSF3	145	185.3602	182.6	0.2160	2.2585	0.9991
Non1YSF1	154	193.2312	193.0	0.1408	2.3474	0.9990
Non1YSF2	173	215.5717	208.8	0.1735	2.6450	0.9992
Non1YSF3	157	199.5933	197.3	0.1987	2.5357	0.9994

注:Non0YSF 和 Non1YSF 分别表示正茬与迎茬种植的大豆根际土壤真菌;末位数字代表 3 个生物学重复。

由表 2.4 可知,根际土壤真菌多样性与细菌多样性分析结果相反。迎茬种植的大豆土壤中真菌群落 OTU 数量、ACE 指数和 Chao1 指数均高于正茬种植的大豆土壤,表明迎茬种植的大豆土壤中真菌群落丰富度相对较高。Simpson 指数和 Shannon 指数表明,迎茬种植的大豆土壤中真菌群落多样性均高于正茬种植的大豆土壤,迎茬种植的大豆土壤中真菌群落组成更为丰富和多样。

(2)稀释性曲线。

通过对优化后的高通量测序序列随机取样,并根据其所代表的 OTU 数目绘制真菌菌群稀释性曲线(图 2.8)。

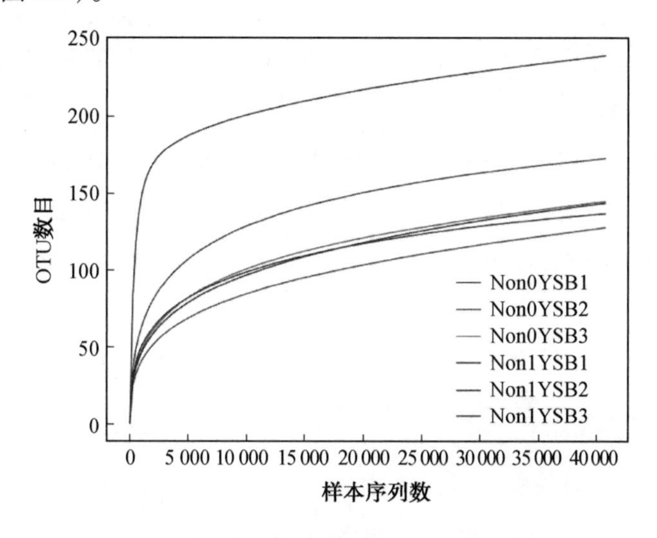

图 2.8　基于 HiSeq 2500 高通量测序的土壤样本真菌菌群稀释性曲线(彩图见附录)

由图 2.8 可知,正茬与迎茬种植的土壤样本(每个样本进行 3 个生物学重复)随着序列数的不断增加,其真菌菌群稀释性曲线逐渐趋于平缓,表明其测序数据量已经达到要求,更多的测序数据量仅能产生较少的 OTU,反映该样本测序深度相对较高,并且能够准确地反映各样本中物种丰度的变化,可以满足后续分析需要。此外,由图 2.8 可知,各土壤样本中至少可产生 128 个 OTU,且各测试土壤样本稀释性曲线具有一定差异,表明各测试土壤样本中真菌菌群组成相较于细菌菌群组成更为复杂。

(3)Shannon 指数曲线。

利用 Mothur 软件和 R 语言工具根据不同测序深度时的 Shannon 指数来绘制多样性 Shannon 指数曲线,以探究不同样本中物种的多样性。Shannon 指数越大,物种越丰富。Shannon 指数曲线起始阶段均呈现陡峭趋势,表明有大量新的 OTU 被发现,随后 Shannon 指数曲线逐渐趋于平坦,说明测序的数据量达到一定程度,OTU 数目不会继续随着测序量的增大而进一步增长。

由图 2.9 可知,正茬与迎茬种植的大豆根际土壤中的真菌 Shannon 指数曲线差异较

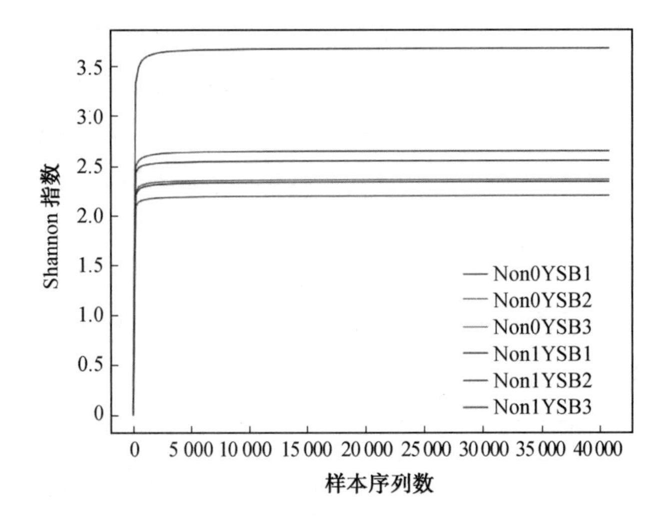

图 2.9　不同土壤样本中真菌菌群 Shannon 指数曲线(彩图见附录)

大,说明大豆种植方式对其土壤中真菌多样性的影响更加显著,这可能与大豆长期连作导致土壤中 *F. oxysporum*、*F. semitectu*、*G. roseum* 和 *R. solani* 等致病菌数量增加有关。

(4)等级丰度曲线。

不同大豆根际土壤样本中真菌菌群等级丰度曲线如图 2.10 所示。

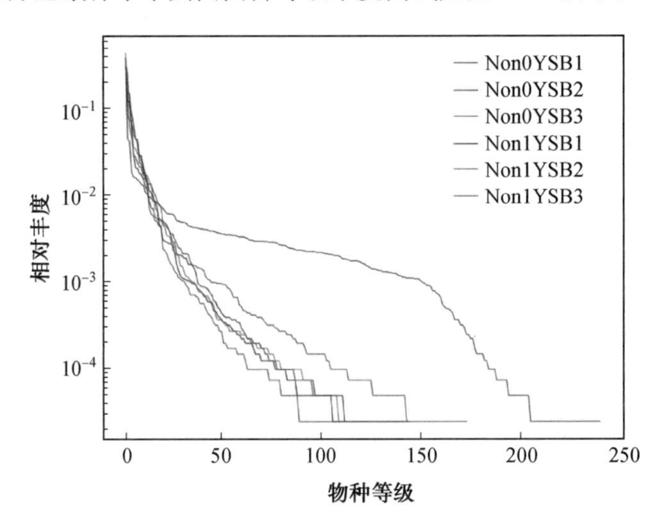

图 2.10　不同土壤样本中真菌菌群等级丰度曲线(彩图见附录)

由图 2.10 可知,各样本的物种丰富度及均匀度均符合高通量测序要求,且各样本的等级丰度曲线均呈现横轴较宽、较平缓的趋势,但在等级丰度曲线的整体趋势上也存在一定差异,表明正茬与迎茬种植的大豆根际土壤样本(每个样本进行 3 个生物学重复)均具有较高的物种丰富度及均匀度,其土壤真菌菌群的种类相较于细菌菌群的种类则表现得更为复杂,说明大豆种植方式显著影响其根际土壤中真菌丰度与均匀度。

(5)根际土壤真菌菌群分布柱状图。

正茬与迎茬种植的大豆土壤真菌群落在门分类水平上的分布情况如图2.11所示。

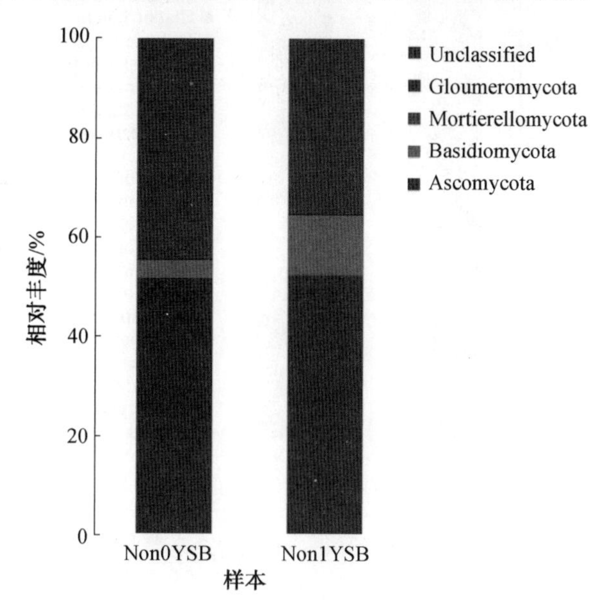

图2.11　正茬与迎茬种植的大豆土壤真菌群落在门分类水平上的分布情况(彩图见附录)

由图2.11可知,正茬与迎茬种植的大豆土壤真菌群落中各真菌类群所占比例存在较大差异,优势真菌群落主要分布于4个门。子囊菌门(Ascomycota)在正茬与迎茬种植的大豆土壤中均占主要优势,所占比例相近,分别为51.52%和52.21%。在正茬与迎茬种植的大豆土壤中其他优势真菌类群依次为担子菌门(Basidiomycota)、被孢霉门(Mortierellomycota)和球囊菌门(Glomeromycota),但两个土壤样本中各真菌类群所占比例存在较大差异。在正茬种植的大豆土壤中,Basidiomycota、Mortierellomycota和Glomeromycota所占比例分别为3.64%、0.26%和0.01%。然而,在迎茬种植的大豆土壤中,Basidiomycota、Mortierellomycota和Glomeromycota所占比例分别为12.29%、0.006%和0.004%。

正茬与迎茬种植的大豆土壤真菌群落在属分类水平上的分布情况如图2.12所示。

与门分类水平上的分布情况相似,两个土壤样本中各真菌群落组成和主要优势属所占比例同样存在较大差异。镰孢霉属(*Fusarium*)、土赤壳属(*Ilyonectria*)、光黑壳属(*Preussia*)、拟棘壳孢属(*Setophoma*)和拟鬼伞菌属(*Coprinopsis*)为正茬种植的大豆土壤真菌群落中最具优势的5个属,所占比例分别为15.67%、6.48%、5.42%、2.21%和1.78%。但在迎茬种植的大豆土壤真菌群落中最具优势的5个属则分别为粗糙孔菌属(*Subulicystidium*)、镰孢霉属(*Fusarium*)、柄孢壳属(*Podospora*)、漆斑菌属(*Myrothecium*)和癣囊腔菌属(*Plectosphaerella*),所占比例分别为10.29%、8.40%、3.47%、2.46%和2.18%。

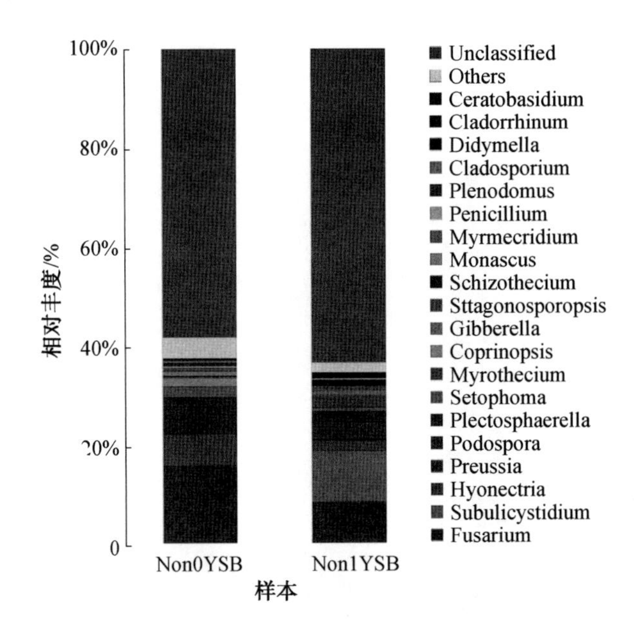

图 2.12　正茬与迎茬种植的大豆土壤真菌群落在属分类水平上的分布情况(彩图见附录)

(6)根际土壤真菌菌群物种丰度聚类热图。

在真菌属水平上对两个土壤样本(每个土壤样本进行 3 个生物学重复)所含真菌菌属进行聚类分析,根据聚类后各土壤样本中不同 OTU 数目,对应所含序列的丰度作热图(图 2.13),依据热图中颜色梯度的变化,可以在真菌属水平上反映出正茬与迎茬种植的大豆土壤真菌菌群结构的差异性。

由图 2.13 可知,正茬与迎茬种植的大豆土壤样本中优势真菌属及其相对丰度同样受大豆种植方式影响较大。

(7)UPGMA 分析。

通过对不同根际土壤样本中真菌高通量测序序列进行 UPGMA 分析(图2.14),结果表明,不同根际土壤样本中真菌菌群组成存在较大差异。

由图 2.14 可知,迎茬种植的大豆根际土壤样本的 3 个重复均处于同一分支中,表明其真菌菌群组成具有高度相似性。然而,其中 1 个正茬种植的大豆根际土壤样本未与其他两个样本处于同一分支中,表明其真菌菌群组成存在差异,这可能与根际土壤真菌菌群组成相较于细菌菌群更易受作物种植方式影响有关,但从整体趋势上来看,此结果对正茬种植的大豆根际土壤样本真菌菌群组成的影响较小。

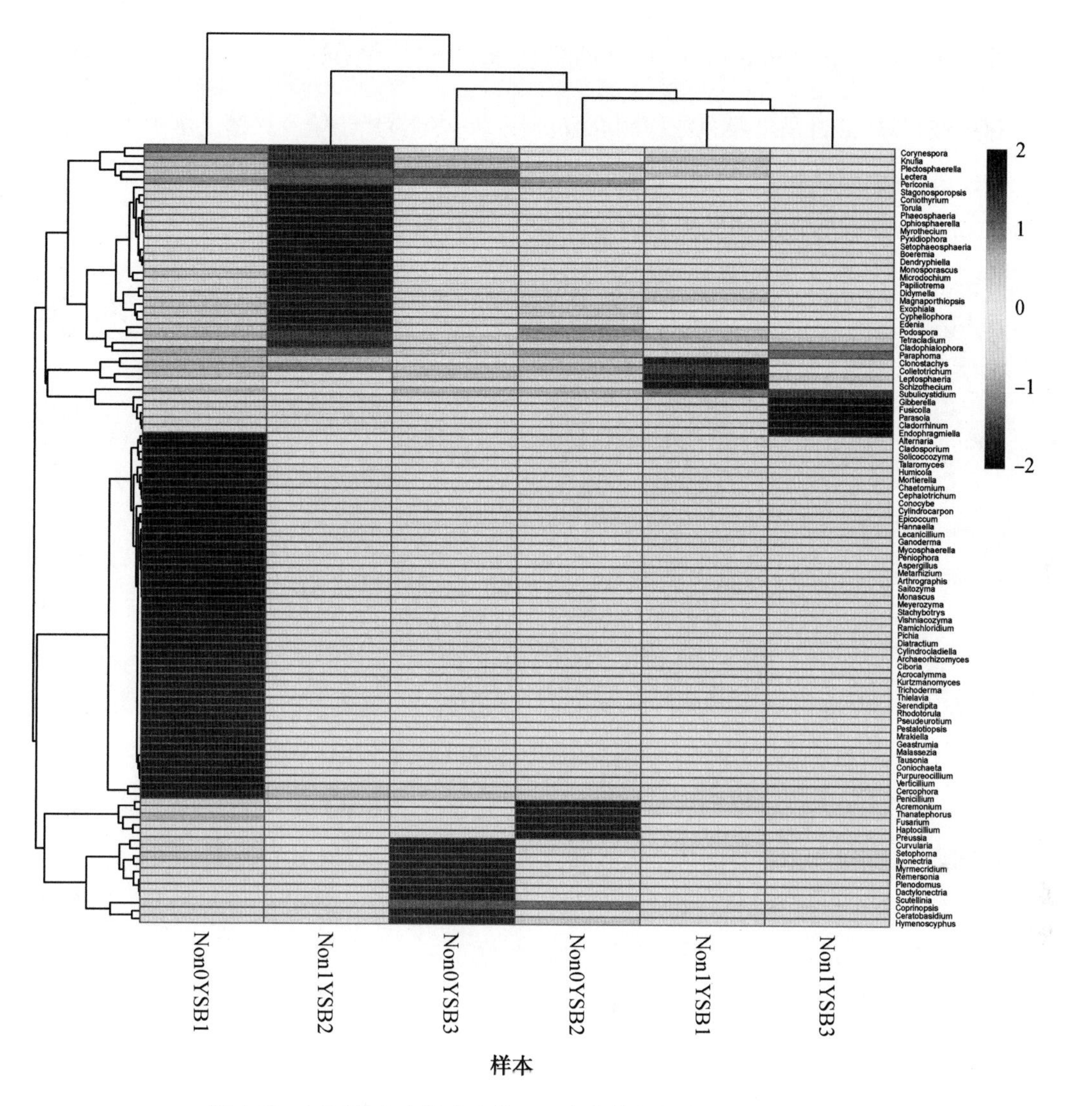

图 2.13　不同样本中最丰富的 100 个真菌属的热图(彩图见附录)

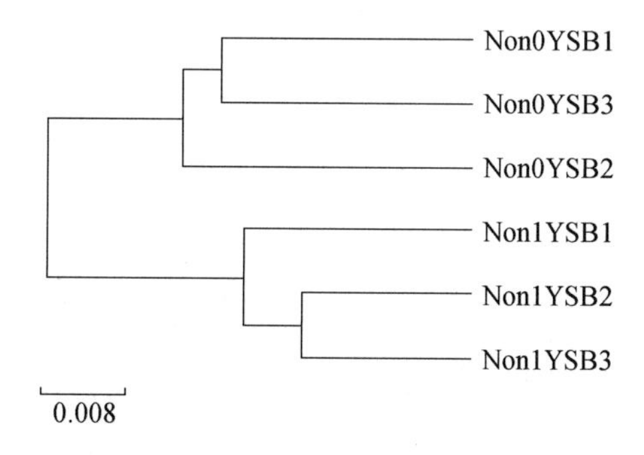

图 2.14　不同土壤样本中真菌菌群 UPGMA 聚类树

2.3.5 *R. intraradices* 对大豆植株根系的侵染情况

利用碱解离-酸性品红染色法检测 *R. intraradices* 对自然土壤及灭菌土壤中大豆植株根系的侵染情况，具体以正茬种植的大豆土壤（自然土壤和灭菌土壤）中大豆植株出苗后30 d *R. intraradices* 对大豆植株根系的侵染情况为例（图2.15和图2.16）。

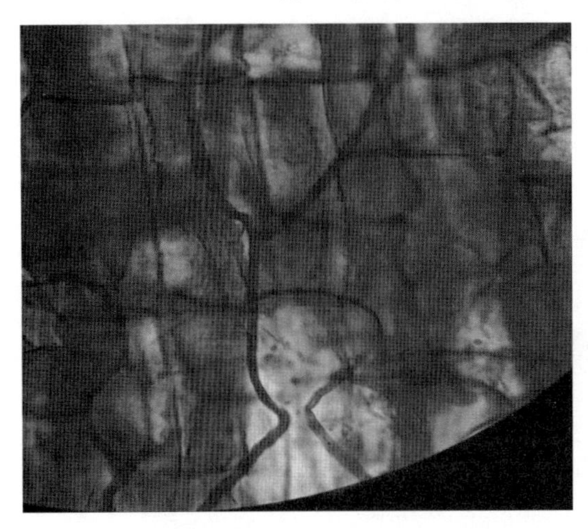

图2.15 大豆植株根系形成的菌丝体结构（自然土壤）(16×100)（彩图见附录）

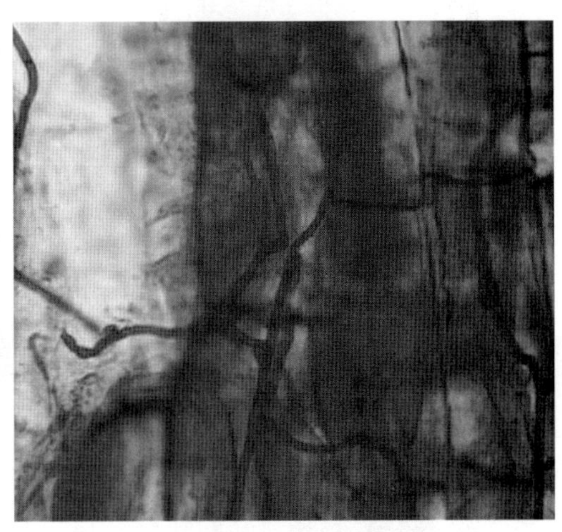

图2.16 大豆植株根系形成的菌丝体结构（灭菌土壤）(16×100)（彩图见附录）

由图2.15和图2.16可知，无论是在自然土壤中还是在灭菌土壤中，*R. intraradices* 均能够较好地侵染大豆植株根系，在大豆植株根系中可清晰地观察到 *R. intraradices* 的菌丝结构，表明 *R. intraradices* 已成功侵染大豆植株根系。

不同试验中，大豆植株出苗后30 d、60 d、90 d及120 d，大豆植株根系AM真菌侵染率变化情况见表2.5。

表2.5 大豆植株根系AM真菌侵染率变化情况 %

处理方式	30 d	60 d	90 d	120 d
0yInN	12.05±0.98^{b}	38.21±1.26^{a}	59.48±1.58^{a}	90.25±2.13^{a}
0yNonN	5.13±0.63^{c}	11.09±1.02^{c}	20.98±1.19^{c}	28.73±1.56^{c}
0yCkN	5.20±0.75^{c}	10.85±0.96^{c}	22.06±1.33^{c}	26.02±1.37^{c}
0yInM	10.97±1.02^{b}	30.45±1.41^{b}	51.32±1.52^{b}	85.41±1.98^{b}
1yInN	14.26±1.21^{a}	42.19±1.52^{a}	64.72±1.84^{a}	93.53±2.35^{a}
1yNonN	6.92±0.56^{c}	13.06±0.51^{c}	24.47±1.19^{c}	32.85±1.52^{c}
1yCkN	6.84±0.81^{c}	12.91±0.87^{c}	26.39±1.45^{c}	30.34±1.47^{c}
1yInM	12.26±1.12^{b}	34.52±1.46^{b}	55.33±1.58^{b}	89.76±1.75^{a}

注：不同字母表示不同处理方式差异显著（$P < 0.05$）。

由表2.5可知，接种 *R. intraradices* 菌剂能够显著提高各时期不同处理方式下大豆植株根系AM真菌侵染率。然而，与未接种任何菌剂的对照试验组相比，接种灭活 *R. intraradices* 菌剂对各时期不同处理方式下大豆植株根系AM真菌侵染率均没有影响，表明只有接种活体状态的 *R. intraradices* 菌剂才能显著提高大豆植株根系AM真菌侵染率。此外，同一时期相同处理方式下，迎茬种植的大豆植株根系AM真菌侵染率均略高于正茬种植的大豆植株根系AM真菌侵染率，表明迎茬种植条件更有利于AM真菌对大豆植株根系的侵染。

2.3.6　不同处理方式对大豆植株生物量的影响

（1）不同处理方式对大豆植株地上部分鲜重的影响。

通过对不同处理方式下大豆植株出苗后30 d、60 d、90 d及120 d地上部分鲜重的分析（表2.6）可知，相同处理条件下，迎茬种植的大豆植株地上部分鲜重均低于正茬种植的大豆植株地上部分鲜重，表明大豆迎茬种植能够显著降低大豆植株地上部分鲜重。接种 *R. intraradices* 菌剂后，大豆植株地上部分鲜重均有显著提高（$P<0.001$），且接种 *R. intraradices* 菌剂后迎茬种植的大豆植株地上部分鲜重略高于未接种 *R. intraradices* 菌剂的正茬大豆植株地上部分鲜重，表明接种 *R. intraradices* 菌剂可以显著提高大豆植株地上部分鲜重，且在一定程度上缓解了大豆迎茬障碍。

表2.6　不同处理方式对大豆植株地上部分鲜重的影响　　g

处理方式	30 d	60 d	90 d	120 d
0yInN	7.33 ± 0.85^{a}	58.13 ± 0.95^{a}	87.69 ± 1.16^{a}	101.12 ± 1.23^{a}
0yNonN	6.23 ± 0.93^{b}	52.47 ± 1.02^{c}	72.57 ± 1.09^{c}	87.23 ± 1.14^{c}
0yCkN	6.42 ± 0.58^{b}	51.56 ± 0.78^{c}	71.82 ± 0.97^{c}	85.82 ± 1.03^{c}
0yInM	7.28 ± 0.91^{a}	55.58 ± 0.93^{b}	80.79 ± 1.23^{b}	95.35 ± 1.17^{b}
0yNonM	6.12 ± 0.68^{bc}	50.42 ± 1.02^{cd}	69.35 ± 1.08^{cd}	80.86 ± 1.22^{d}
0yCkM	6.04 ± 0.72^{bc}	49.01 ± 0.63^{cd}	71.92 ± 1.64^{cd}	81.19 ± 1.31^{d}
1yInN	6.55 ± 0.76^{b}	53.29 ± 0.75^{b}	76.33 ± 0.87^{c}	89.27 ± 1.09^{c}
1yNonN	5.85 ± 0.68^{c}	48.37 ± 0.73^{d}	62.25 ± 1.12^{d}	71.42 ± 1.28^{de}
1yCkN	5.68 ± 0.52^{c}	47.63 ± 0.65^{d}	61.71 ± 1.26^{d}	70.33 ± 1.41^{de}
1yInM	6.37 ± 0.60^{b}	51.27 ± 0.58^{c}	70.39 ± 1.47^{c}	82.86 ± 1.39^{cd}
1yNonM	5.51 ± 0.77^{c}	45.33 ± 0.49^{e}	58.72 ± 1.05^{e}	65.39 ± 1.51^{e}
1yCkM	5.31 ± 0.69^{c}	44.82 ± 0.52^{e}	56.99 ± 1.03^{e}	64.28 ± 1.37^{e}

注：不同字母表示不同处理方式差异显著（$P<0.05$）。

由表2.6可知，相同处理方式下，灭菌土壤中大豆植株地上部分鲜重均低于自然土壤中大豆植株地上部分鲜重,表明土壤中有益微生物间的相互作用在一定程度上有助于大豆植株的生长。此外,灭活 *R. intraradices* 菌剂对大豆植株地上部分鲜重无显著影响,表明只有接种活体状态的 *R. intraradices* 菌剂才能显著提高大豆植株地上部分鲜重。

(2)不同处理方式对大豆植株地上部分干重的影响。

由表 2.7 可知,不同处理方式对大豆植株地上部分干重的影响具有一定的差异,此结果与不同处理方式对大豆植株地上部分鲜重的影响趋势相似。相同处理条件下,自然土壤中大豆植株地上部分干重均高于灭菌土壤中大豆植株地上部分干重,这一结果进一步表明土壤中有益微生物间的相互作用对大豆植株的生长有利。此外,灭活 *R. intraradices* 菌剂对大豆植株地上部分干重也无显著影响,表明只有接种活体状态的 *R. intraradices* 菌剂才能显著提高大豆植株地上部分干重。相同处理条件下,正茬种植的大豆植株干重均高于迎茬种植的大豆植株干重,表明大豆种植方式对大豆植株地上部分干重影响显著。由表 2.7 还可知,接种 *R. intraradices* 菌剂可显著提高大豆植株地上部分干重,且可在一定程度上缓解大豆迎茬障碍,进而提高大豆植株地上部分干重。

表 2.7　不同处理方式对大豆植株地上部分干重的影响　　g

处理方式	30 d	60 d	90 d	120 d
0yInN	$2.68±0.32^{a}$	$13.84±0.75^{a}$	$27.40±1.02^{a}$	$30.61±1.27^{a}$
0yNonN	$2.29±0.27^{b}$	$12.49±0.83^{b}$	$22.68±0.87^{c}$	$26.43±1.08^{c}$
0yCkN	$2.35±0.21^{b}$	$12.28±0.70^{b}$	$23.19±0.52^{c}$	$26.01±1.13^{c}$
0yInM	$2.60±0.33^{a}$	$13.20±0.61^{a}$	$25.25±1.03^{b}$	$28.5±1.31^{b}$
0yNonM	$2.24±0.30^{b}$	$12.03±0.53^{b}$	$21.67±0.85^{c}$	$24.62±1.04^{d}$
0yCkM	$2.21±0.19^{b}$	$11.86±0.72^{c}$	$22.23±0.79^{c}$	$24.58±1.35^{d}$
1yInN	$2.39±0.26^{b}$	$12.69±0.51^{b}$	$23.85±0.68^{c}$	$27.06±1.24^{c}$
1yNonN	$2.14±0.22^{c}$	$11.52±0.62^{c}$	$19.45±1.03^{d}$	$21.52±1.09^{e}$
1yCkN	$2.08±0.31^{c}$	$11.33±0.59^{c}$	$19.28±0.86^{d}$	$21.21±1.21^{e}$
1yInM	$2.30±0.18^{b}$	$12.02±0.42^{b}$	$21.98±0.78^{c}$	$25.11±1.30^{c}$
1yNonM	$2.02±0.33^{d}$	$10.79±0.66^{d}$	$18.25±0.94^{e}$	$19.82±1.17^{f}$
1yCkM	$1.95±0.27^{d}$	$10.67±0.46^{d}$	$17.97±0.82^{e}$	$19.49±1.02^{f}$

注:不同字母表示不同处理方式差异显著($P < 0.05$)。

(3)不同处理方式对大豆植株地下部分鲜重的影响。

不同处理方式对大豆植株地下部分鲜重的影响见表 2.8。

由表 2.8 可知,与地上部分鲜重结果相似,相同处理条件下,迎茬种植的大豆植株地下部分鲜重均低于正茬种植的大豆植株地下部分鲜重,表明大豆迎茬种植能够显著降低大豆植株地下部分鲜重,这可能与迎茬种植不利于大豆植株根系发育密切相关。接种

*R. intraradices*菌剂后，大豆植株地下部分鲜重显著增加，且接种 *R. intraradices* 菌剂后迎茬种植的大豆植株地下部分鲜重略高于未接种 *R. intraradices* 菌剂的正茬大豆植株地下部分鲜重，表明接种 *R. intraradices* 菌剂可以显著提高大豆植株地下部分鲜重，这可能与菌根共生体的形成有关。相同处理条件下，灭菌土壤中大豆植株地下部分鲜重均低于自然土壤中大豆植株地下部分鲜重，表明土壤中有益微生物间的相互作用在一定程度上有助于大豆植株根系的发育，灭菌土壤中没有根瘤菌，根系无法形成根瘤，这在一定程度上也会降低大豆植株地下部分鲜重。此外，灭活 *R. intraradices* 菌剂对大豆植株地下部分鲜重无显著影响，表明只有接种活体状态的 *R. intraradices* 菌剂才能显著提高大豆植株地下部分鲜重。

表 2.8　不同处理方式对大豆植株地下部分鲜重的影响　　g

处理方式	30 d	60 d	90 d	120 d
0yInN	$0.85±0.08^{a}$	$6.91±0.68^{a}$	$10.55±0.72^{a}$	$14.87±0.89^{a}$
0yNonN	$0.64±0.05^{b}$	$6.25±0.72^{b}$	$8.73±0.68^{b}$	$12.83±0.92^{b}$
0yCkN	$0.69±0.10^{b}$	$6.17±0.56^{b}$	$9.00±0.70^{b}$	$12.62±0.75^{b}$
0yInM	$0.80±0.03^{a}$	$6.61±0.77^{ab}$	$9.72±0.69^{ab}$	$14.02±1.03^{a}$
0yNonM	$0.58±0.07^{bc}$	$6.01±0.71^{b}$	$8.36±0.81^{b}$	$11.89±0.95^{c}$
0yCkM	$0.62±0.04^{bc}$	$5.86±0.68^{b}$	$8.61±0.76^{b}$	$11.93±0.88^{c}$
1yInN	$0.73±0.08^{b}$	$6.34±0.56^{b}$	$9.19±0.62^{b}$	$13.12±1.06^{b}$
1yNonN	$0.52±0.06^{c}$	$5.76±0.69^{c}$	$7.49±0.59^{c}$	$10.50±0.97^{d}$
1yCkN	$0.54±0.09^{c}$	$5.67±0.52^{c}$	$7.42±0.53^{c}$	$10.34±0.83^{d}$
1yInM	$0.63±0.09^{b}$	$6.10±0.59^{b}$	$8.47±0.63^{b}$	$12.18±0.78^{bc}$
1yNonM	$0.49±0.07^{c}$	$5.38±0.63^{d}$	$7.06±0.62^{d}$	$9.61±0.91^{e}$
1yCkM	$0.50±0.03^{c}$	$5.33±0.79^{d}$	$6.85±0.71^{d}$	$9.45±0.80^{e}$

注：不同字母表示不同处理方式差异显著（$P < 0.05$）。

（4）不同处理方式对大豆植株地下部分干重的影响。

由表 2.9 可知，与大豆植株地下部分鲜重结果相似，不同处理方式对大豆植株地下部分干重的影响差异较大。相同处理条件下，正茬种植的大豆植株地下部分干重均高于迎茬种植的大豆植株地下部分干重，表明大豆迎茬种植不利于大豆植株地下部分物质积累。接种 *R. intraradices* 菌剂后，大豆植株地下部分干重显著增加，表明接种 *R. intraradices* 菌剂可以显著提高大豆植株地下部分干重。然而，灭活 *R. intraradices* 菌剂对大豆植株地下部分干重无影响，表明只有接种活体状态的 *R. intraradices* 菌剂才能显著提高大豆植株地下部分干重。此外，相同处理条件下，灭菌土壤中大豆植株地下部分干重均低于自然土壤中大豆植株地下部分干重，这是因为灭菌土壤中没有根瘤菌，根系无法形成根瘤，不利于大豆植株根系中干物质的累积。

表 2.9　不同处理方式对大豆植株地下部分干重的影响　g

处理方式	30 d	60 d	90 d	120 d
0yInN	0.32±0.04[a]	2.55±0.29[a]	3.49±0.46[a]	4.23±0.71[a]
0yNonN	0.24±0.05[b]	2.31±0.30[c]	2.89±0.38[b]	3.65±0.58[b]
0yCkN	0.26±0.03[b]	2.28±0.23[c]	2.98±0.50[b]	3.59±0.65[b]
0yInM	0.30±0.05[a]	2.44±0.19[b]	3.21±0.41[ab]	3.99±0.62[ab]
0yNonM	0.22±0.07[c]	2.22±0.25[d]	2.76±0.38[b]	3.38±0.72[c]
0yCkM	0.23±0.04[c]	2.17±0.31[d]	2.85±0.29[b]	3.39±0.50[c]
1yInN	0.27±0.03[b]	2.34±0.34[c]	3.04±0.49[b]	3.73±0.47[b]
1yNonN	0.19±0.04[d]	2.13±0.19[d]	2.48±0.36[c]	2.99±0.61[d]
1yCkN	0.20±0.06[d]	2.10±0.27[d]	2.45±0.29[c]	2.94±0.59[d]
1yInM	0.23±0.05[c]	2.26±0.30[c]	2.80±0.42[b]	3.47±0.43[bc]
1yNonM	0.18±0.04[d]	1.99±0.18[e]	2.33±0.36[d]	2.73±0.63[e]
1yCkM	0.18±0.03[d]	1.97±0.15[e]	2.26±0.40[d]	2.69±0.47[e]

注:不同字母表示不同处理方式差异显著($P < 0.05$)。

(5)不同处理方式对大豆植株株高的影响。

表 2.10 为不同处理方式对大豆植株株高的影响,大豆植株出苗后 30 d,不同处理方式对大豆植株株高的影响差异不显著,但随着时间的增长,不同处理方式对大豆植株株高的影响差异显著。接种 *R. intraradices* 菌剂后,不同种植方式下的大豆植株株高均呈现显著增高的趋势,这是由于 *R. intraradices* 可以与大豆植株根系形成菌根共生体,促进其对营养元素的吸收,从而提升株高。

表 2.10　不同处理方式对大豆植株株高的影响　cm

处理方式	30 d	60 d	90 d	120 d
0yInN	31.32±0.68[a]	54.32±1.06[a]	70.22±2.06[a]	86.22±1.85[a]
0yNonN	30.87±0.52[b]	49.51±1.34[c]	61.32±2.29[c]	74.17±1.25[c]
0yCkN	30.23±0.31[b]	50.82±1.28[c]	62.95±1.76[c]	72.46±1.83[c]
0yInM	30.07±0.66[b]	52.84±1.52[b]	67.53±1.38[b]	83.35±2.05[b]
0yNonM	29.75±0.41[c]	47.37±1.03[d]	58.93±1.42[d]	71.68±1.37[cd]
0yCkM	29.43±0.73[c]	48.93±1.96[d]	59.37±2.15[d]	70.37±1.92[cd]
1yInN	30.46±0.84[b]	50.13±1.67[c]	63.56±2.37[bc]	76.29±1.47[c]
1yNonN	29.84±0.78[c]	45.32±2.03[e]	56.29±1.86[e]	69.17±2.03[d]
1yCkN	29.64±0.63[c]	44.82±1.28[e]	54.95±1.73[e]	68.94±1.81[d]
1yInM	29.81±0.47[c]	47.26±1.37[d]	61.31±1.80[c]	74.86±1.28[c]
1yNonM	29.23±0.31[c]	43.64±1.29[f]	53.17±1.56[f]	67.62±2.24[e]
1yCkM	29.38±0.42[c]	42.96±1.15[f]	52.88±1.67[f]	66.91±1.35[e]

注:不同字母表示不同处理方式差异显著($P < 0.05$)。

由表2.10还可知，相同处理条件下，迎茬种植的大豆植株株高在不同时期均低于正茬种植的大豆植株株高，表明大豆迎茬种植会导致其株高显著降低。相同处理条件下，灭菌土壤中大豆植株株高均低于自然土壤中大豆植株株高，表明土壤微生物在大豆植株生长过程中具有重要作用。此外，灭活 *R. intraradices* 菌剂对大豆植株株高无影响，表明只有活体状态的 *R. intraradices* 菌剂才对提高作物生物量有效。

（6）不同处理方式对大豆植株茎粗的影响。

不同处理方式对大豆植株茎粗的影响见表2.11。

表2.11　不同处理方式对大豆植株茎粗的影响　cm

处理方式	30 d	60 d	90 d	120 d
0yInN	0.37±0.09[a]	0.54±0.11[a]	0.79±0.13[a]	1.04±0.07[a]
0yNonN	0.34±0.08[c]	0.48±0.08[c]	0.70±0.17[c]	0.89±0.08[c]
0yCkN	0.33±0.06[c]	0.47±0.07[c]	0.69±0.16[c]	0.86±0.07[c]
0yInM	0.35±0.11[b]	0.51±0.10[b]	0.73±0.11[b]	0.99±0.06[b]
0yNonM	0.32±0.05[cd]	0.46±0.09[cd]	0.67±0.12[cd]	0.84±0.05[cd]
0yCkM	0.32±0.08[cd]	0.45±0.05[cd]	0.68±0.10[cd]	0.83±0.07[d]
1yInN	0.34±0.10[c]	0.50±0.11[b]	0.71±0.09[c]	0.93±0.06[c]
1yNonN	0.31±0.05[d]	0.43±0.07[d]	0.64±0.07[d]	0.81±0.04[d]
1yCkN	0.30±0.09[d]	0.44±0.06[d]	0.63±0.05[d]	0.82±0.06[d]
1yInM	0.32±0.08[cd]	0.47±0.12[c]	0.68±0.04[cd]	0.90±0.07[c]
1yNonM	0.29±0.03[d]	0.42±0.08[d]	0.62±0.03[d]	0.79±0.06[d]
1yCkM	0.29±0.04[d]	0.41±0.03[d]	0.61±0.06[d]	0.80±0.05[d]

注：不同字母表示不同处理方式差异显著（$P < 0.05$）。

由表2.11可知，在同一生长时期相同处理方式下，正茬种植的大豆植株茎粗均略大于迎茬种植的大豆植株茎粗，表明大豆迎茬种植方式对其茎粗具有负面影响。接种 *R. intraradices* 菌剂的大豆植株茎粗明显优于未接种 *R. intraradices* 菌剂的大豆植株茎粗，这是由于 *R. intraradices* 和大豆植株根系形成共生关系后，能够增强大豆植株抗逆性，从而促进植株茎的发育。此外，相同处理方式下，灭菌土壤中大豆植株茎粗均小于自然土壤中大豆植株茎粗，且灭活 *R. intraradices* 菌剂对大豆植株茎粗也无影响。

（7）不同处理方式对大豆植株根长的影响。

不同处理方式对大豆植株根长的影响见表2.12。

由表2.12可知，接种 *R. intraradices* 菌剂有助于促进大豆植株根的生长，大豆迎茬种植方式会抑制大豆植株根系的发育，这是由于大豆迎茬种植会使土壤中有害微生物增多，有毒有害物质累积，降低土壤肥力，加大大豆植株根部患病风险，对大豆植株根部生长造成不利影响，而 *R. intraradices* 可有效缓解大豆迎茬障碍，从而促进大豆植株根系发育。由表 2.12 也可以发现，灭菌土壤中大豆植株根长均低于自然土壤中根长，且灭活 *R. intraradices* 菌剂对大豆植株根长无显著影响。

表 2.12 不同处理方式对大豆植株根长的影响 cm

处理方式	30 d	60 d	90 d	120 d
0yInN	12.06±0.20[a]	17.32±0.19[a]	20.16±0.32[a]	24.03±0.25[a]
0yNonN	10.23±0.19[c]	14.35±0.16[c]	16.51±0.29[c]	19.78±0.31[c]
0yCkN	10.35±0.15[c]	13.78±0.21[c]	15.97±0.15[c]	18.26±0.19[c]
0yInM	11.39±0.18[b]	15.71±0.08[b]	18.86±0.18[b]	22.15±0.27[b]
0yNonM	10.09±0.12[c]	13.02±0.11[d]	14.57±0.23[d]	16.89±0.15[d]
0yCkM	10.33±0.08[c]	13.29±0.21[d]	14.09±0.27[d]	17.37±0.22[d]
1yInN	11.12±0.21[b]	15.01±0.10[bc]	17.15±0.18[bc]	21.09±0.21[bc]
1yNonN	9.87±0.13[d]	12.86±0.09[de]	14.31±0.34[d]	16.75±0.17[d]
1yCkN	9.69±0.17[d]	12.42±0.13[de]	14.22±0.17[d]	15.79±0.13[d]
1yInM	10.73±0.14[bc]	14.88±0.25[c]	16.42±0.25[c]	19.72±0.33[c]
1yNonM	9.29±0.06[e]	12.17±0.18[e]	13.28±0.14[e]	14.81±0.24[e]
1yCkM	8.95±0.09[e]	11.03±0.17[e]	12.97±0.26[e]	13.62±0.19[e]

注：不同字母表示不同处理方式差异显著($P < 0.05$)。

(8)不同处理方式对大豆百粒重的影响。

不同处理方式对大豆百粒重的影响见表 2.13。

表 2.13 不同处理方式对大豆百粒重的影响 g

处理方式	百粒重
0yInN	26.87±1.12[a]
0yNonN	24.32±1.07[c]
0yCkN	24.16±1.20[c]
0yInM	25.93±1.28[b]
0yNonM	23.71±0.96[cd]
0yCkM	23.94±1.18[cd]
1yInN	22.34±1.19[d]
1yNonN	19.23±0.85[e]
1yCkN	18.83±0.77[e]
1yInM	21.68±1.01[d]
1yNonM	17.73±1.12[f]
1yCkM	17.98±0.63[f]

注：不同字母表示不同处理方式差异显著($P < 0.05$)。

由表2.13可知,迎茬种植方式下的大豆百粒重均低于正茬种植方式下的大豆百粒重,这是由于迎茬种植的大豆根际土壤中病原微生物数量增多,进而导致大豆百粒重显著降低。接种 *R. intraradices* 菌剂可显著提高大豆百粒重,说明菌根结构除可帮助大豆抵御致病菌的侵袭外,对植株中营养物质的合成、转运及积累也有促进作用,进而提高了大豆百粒重。此外,相同处理方式下,灭菌土壤中大豆百粒重均低于自然土壤中大豆百粒重,且灭活 *R. intraradices* 菌剂对大豆百粒重无影响,这一结果与大豆植株其他生物量变化趋势相似。

2.4　讨论与结论

本章对正茬与迎茬种植的大豆田土壤特征参数、AM 真菌孢子密度、土壤微生物菌群组成进行了分析。此外,选用黑农48大豆品种为试验材料,通过盆栽接种试验,分析 *R. intraradices* 对正茬与迎茬种植的大豆生物量的影响,为 *R. intraradices* 菌剂在田间的应用提供数据支持,并为大豆迎茬障碍的生物防治提供必要的理论基础。

迎茬种植的大豆田土壤中 AM 真菌孢子密度显著下降,这可能是由于大豆迎茬种植会导致其根际土壤性质发生变化,如酶活性、代谢产物等的变化,会促进土壤中有害真菌的生长繁殖。通过对正茬与迎茬种植的大豆田土壤真菌菌群结构的高通量测序分析可知,迎茬种植的大豆田土壤中有害真菌的丰度显著增加。土壤中的 AM 真菌与有害菌会对大豆植株根系产生竞争,与致病菌的竞争会导致 AM 真菌生长发育受抑,这可能是 AM 真菌孢子密度降低的主要原因。此外,迎茬种植导致土壤中细菌丰度的降低也会影响 AM 真菌生长发育,研究发现,土壤中有一类特殊细菌可以促进 AM 真菌的萌发、侵染、生长繁殖及对土壤传播病原真菌具有拮抗作用,这类细菌被称为“菌根辅助细菌”。通过对土壤细菌菌群结构的高通测序分析可知,迎茬种植的大豆田土壤中细菌的丰度降低,细菌的生命活动受到抑制,“菌根辅助细菌”生长受抑也与 AM 真菌孢子密度降低密切相关。

通过多样性分析、稀释性曲线、Shannon 指数曲线及等级丰度曲线可以看出,大豆种植方式对土壤中真菌多样性有一定的影响。这是由于大豆迎茬种植改变了土壤原生态环境,使土壤类型逐渐向真菌型转变,这与 Cui 的研究结果一致。通过物种分布柱状图和聚类热图分析可知,正茬与迎茬种植的大豆田土壤中优势菌群差异显著,迎茬种植的土壤中优势菌属主要为 *Fusarium*、*Didymella*、*Gibberella*、*Myrothecium* 及 *Podospora*,其中 *Didymella*、*Gibberella*、*Myrothecium* 及 *Podospora* 等在正茬种植的大豆田土壤中含量较低,表明土壤中有害真菌的丰度会随着种植年限的增加而增加。VanOs 等对鸢尾的研究证实 *Pythium* spp. 的丰度会随种植年限的增加显著增加,大豆连作会导致根际土壤菌群结构发生改变,如 *F. oxysporum*、半裸镰孢菌(*F. semitectum*)、粉红粘帚霉(*Gliocladium roseum*)、立枯丝核菌(*Rhizoctonia solani*)、大豆疫霉菌(*Phytophthora sojae*)和腐霉菌(*Pythium* spp.)等土壤传播病原菌丰度会增加。此外,通过对土壤细菌菌群组成分析可知,迎茬种植的大豆田土壤中细菌含量降低,这与众多学者的研究结果相一致。此外,迎茬种植的大豆田土壤中*Gemmatimonadaceae*、*Sphingomonas*、*RB*41及有益菌的丰度降低。作物迎茬种植导致土壤中细菌数量下降已被众多研究证实,如对太子参(*Pseudostellaria heterophylla*)、烟草(*Nicotiana tabacum*)及黄花蒿(*Artemisia annua*)等的研究均得到了相似的研究结果。大豆迎茬种植会降低土壤中有益细菌的丰度,如参与土壤硝化作用的*Nitobacter*的数量也会减小。研究发现,黄瓜连作土壤中细菌的相对丰度降低,减弱了细菌间的相互作用。大豆迎茬种植在抑制土壤细菌丰度的同时,还会降低其根际土壤细菌共生性及互惠性,影响土壤中氮素、磷素等营养元素的循环,最终影响作物的正常生长。

大豆迎茬种植会导致土壤中微生物菌群结构由高肥力的细菌型向低肥力的真菌型转变,芬酸类、酯类及苯类等有害次生代谢产物的累积,会导致土壤理化性质发生改变,土著AM真菌生长受抑等,最终导致大豆生长受阻。本章通过盆栽试验,分析不同处理方式对大豆植株各时期生物量的影响,结果表明,相同处理方式下,迎茬种植的大豆植株生物量各项指标均低于正茬种植的大豆,表明大豆迎茬种植会显著降低大豆植株生物量,迎茬种植对大豆生长极其不利。接种*R. intraradices*菌剂后,大豆植株生物量各项指标均有极显著提高,且接种*R. intraradices*菌剂后迎茬种植的大豆植株生物量各项指标均略高于未接种*R. intraradices*菌剂的正茬种植的大豆,表明接种*R. intraradices*菌剂可以显著提高大豆植株生物量,且在一定程度上缓解了大豆迎茬问题。相同处理方式下,灭菌土壤中大豆植株生物量各项指标均低于自然土壤中大豆植株生物量,表明土壤中有益微生物间的相互作用在一定程度上有助于大豆植株生物量的累积,作物的良好生长发育离不开土壤中有益微生物的参与。此外,灭活*R. intraradices*菌剂对大豆植株生物量各项指标均无显著影响,表明只有接种活体状态的*R. intraradices*菌剂才能显著提高大豆植株生物量。本研究所用*R. intraradices*菌剂中的基质对大豆植株生物量累积无影响,后续试验均可以采用活体状态的*R. intraradices*菌剂进行接种试验,无须考虑菌剂中基质对大豆植株生长的影响。

第3章 根内根孢囊霉对大田大豆生物量及根际土壤微生物的影响

3.1 概 述

近年来,随着大豆的需求逐年增大,大豆迎茬种植现象日益严重。大豆迎茬种植可能导致大豆产量和品质下降。大豆根腐病是大豆迎茬种植引起的一种常见的毁灭性病害,因其土传、多病原体侵染、初期症状隐蔽等特点,被认为是一种较难控制的病害,是导致东北黑土区大豆迎茬障碍的主要原因之一。黑龙江省大豆根腐病主要致病菌包括镰刀菌属(*Fusarium*)、丝核菌属(*Rhizoctonia*)、疫霉菌属(*Phytophthora*)、被孢霉属(*Mortierella*)和腐霉菌属(*Pythium*)等真菌,其中尖孢镰刀菌(*F. oxysporum*)为黑龙江省大豆根腐病的最主要致病菌。连作障碍是多种因素共同作用的结果,如根际土壤微生物群落组成的变化、土壤次生代谢产物的富集、土壤酶活性的变化等。土壤修复的主要方法之一是恢复土壤微生物区系,增加植物的养分供应,提高植物抗病性,改善植物的生长状况,从而提高作物产量。

AM 真菌是一种寡营养型微生物,是土壤微生态系统中植物根系及微生物菌群的互惠共生体,广泛分布于土壤中,能侵染90%以上的陆生植物根系,包括水稻、小麦和大豆等作物。AM 真菌可以有效地帮助植物吸收养分,更好地应对各种病害。AM 真菌还能够提高植物对病原微生物的抗性,缓解植物病状和疾病严重程度,对植物生长具有积极的影响。AM 真菌可以通过启动系统防御机制,从而增强宿主植物的抗病能力。AM 真菌能够保护宿主植物免受真菌、细菌等土壤病原微生物的侵染。研究表明,大豆植株接种摩西管柄囊霉(*Funneliformis mosseae*)后,能够显著降低其根际土壤中尖孢镰刀菌的丰度。此外,大豆植株接种 *R. intraradices* 可显著降低大豆猝死综合征的发生率,并降低镰刀菌的相对 DNA 含量。前期的研究已经证明了 *F. mosseae* 对连作大豆植株生长、大豆根腐病病情指数以及根系和根际土壤微生物群落组成的影响。然而,有关 *R. intraradices* 对田间迎茬种植的大豆生物量及根际土壤微生物群落组成等的影响尚未有研究。

本章通过 *R. intraradices* 大田接种试验,探讨 *R. intraradices* 对正茬与迎茬种植的大豆植株 AM 真菌侵染率、大豆根腐病病情指数、AM 真菌孢子密度、大豆生物量、大豆根系及根际土壤微生物菌群组成的影响,为缓解大豆迎茬障碍及 AM 真菌菌剂的田间应用提供理论依据,同时为提升黑龙江省有机绿色大豆产量、保障我国食品安全做出贡献。

3.2 材料与方法

3.2.1 试验材料

大豆品种、AM 真菌同 2.2.6(1)。

3.2.2 研究地点概况

试验样地同 2.2.1。

3.2.3 试验设计

试验大豆田共分为两个主区域,即正茬种植的(大豆-玉米-玉米-大豆)大豆田(0y)和迎茬种植的(玉米-大豆-玉米-大豆)大豆田(1y)。大豆播种日期为 2019 年 5 月 3 日,收获日期为 2019 年 10 月 18 日。试验采用随机区组设计,每个主区域各设置 2 种处理:①接种 *R. intraradices* 菌剂,R;②不接种 *R. intraradices* 菌剂,即对照处理,CK。每种处理为一个小区,每个小区面积为 20 m×20 m,垄间距约为 50 cm,每种处理进行 3 次重复,每种处理间距为2 m。大豆出苗后(20 d 左右),按照 50 cm 苗间距除去多余弱苗、病苗,以保证剩下的幼苗有足够的养分与生长空间。

大豆种子在 75% 乙醇中进行表面消毒 5 min,然后用无菌蒸馏水冲洗至少 10 次,将消毒后的大豆种子采用人工播种方式播种于上述大田中,定期浇水,全生长周期均不施其他肥。

R. intraradices 菌剂接种及大豆播种方式:先将 *R. intraradices* 菌剂均匀撒下(距离表层土 4 cm),在菌剂上方均匀地铺 1 ~2 cm 厚的相同类型土壤,然后将大豆种子均匀地撒在土层上方,最后在大豆种子上方均匀地铺 1 ~2 cm 厚的相同类型土壤,平均每小区施用 *R. intraradices* 菌剂约 4 kg。

3.2.4 样本采集

方法同 2.2.2。

3.2.5 AM 真菌侵染率测定

方法同 2.2.6(3)。

3.2.6 大豆根腐病病情指数测定

随机选取不同试验方式下,不同时期的大豆植株完整根系,用自来水将根部冲洗干净,自然阴干。参照表 3.1 评定大豆根腐病病情指数,每种处理重复 3 次。

表 3.1　大豆根腐病病情指数

病情指数	发病特征
0	无病斑发生
1	主根没有变化,须根根尖有零星病斑
2	主根有零星病斑
3	病斑面积占根面积的 25%
4	病斑面积占根面积 30% 以上,且病斑绕茎成片
5	病斑面积占根面积 50% 以上

3.2.7　AM 真菌孢子密度测定

方法同 2.2.4。

3.2.8　大豆生物量测定

方法同 2.2.6(4)。

大豆产量以百粒重、单株产量和单株荚数表示,每种处理重复 3 次。

3.2.9　微生物菌群组成分析

方法同 2.2.5。

3.2.10　数据统计

方法同 2.2.7。

3.3　结果与分析

3.3.1　不同试验处理对大豆植株 AM 真菌侵染率的影响

利用碱解离-酸性品红染色法检测 *R. intraradices* 对正茬与迎茬种植的大豆植株 AM 真菌侵染率的影响(表 3.2)。

表 3.2 大豆植株根系 AM 真菌侵染率 %

处理方式	30 d	60 d	90 d	120 d
0yCK	8.23±0.87[d]	17.26±1.48[d]	49.84±1.83[d]	73.48±1.76[d]
0yR	15.22±1.32[b]	43.57±1.89[b]	72.69±2.46[b]	96.31±2.58[b]
1yCK	10.96±1.24[c]	26.72±1.52[c]	58.93±2.12[c]	80.51±2.71[c]
1yR	19.36±1.41[a]	52.21±2.05[a]	81.42±2.58[a]	98.25±2.84[a]

注:不同字母表示不同处理方式差异显著($P < 0.05$)。

由表 3.2 可知,不同试验方式下,大豆植株出苗后 30 d、60 d、90 d 及 120 d 大豆植株根系 AM 真菌侵染率变化差异显著。接种 *R. intraradices* 菌剂能够显著提高各时期大豆植株根系 AM 真菌侵染率,表明 *R. intraradices* 在大田条件下也能够较好地侵染大豆植株根系。此外,同一时期相同处理方式下,正茬种植的大豆植株根系 AM 真菌侵染率均略低于迎茬种植的大豆植株根系 AM 真菌侵染率,这是由于迎茬种植会导致土壤性质变劣,微生物菌群结构发生变化,更有利于 AM 真菌对大豆植株根系的侵染。

3.3.2 不同试验处理对大豆根腐病病情指数的影响

不同处理方式对大豆根腐病病情指数的影响见表 3.3。

表 3.3 不同处理方式对大豆根腐病病情指数的影响

处理方式	30 d	60 d	90 d	120 d
0yCK	0.48±0.04[b]	1.25±0.07[b]	2.31±0.18[b]	2.79±0.16[b]
0yR	0.32±0.03[c]	0.79±0.05[c]	1.53±0.16[c]	1.83±0.20[c]
1yCK	0.78±0.03[a]	1.51±0.08[a]	3.02±0.17[a]	3.49±0.19[a]
1yR	0.51±0.03[b]	1.27±0.06[b]	2.36±0.13[b]	2.85±0.23[b]

注:不同字母表示不同处理方式差异显著($P < 0.05$)。

由表 3.3 可以看出,大豆种植方式及接种 *R. intraradices* 菌剂均对大豆根腐病的病情指数影响较大。迎茬种植的大豆根腐病病情指数高于正茬种植的大豆根腐病病情指数,说明迎茬种植会导致大豆植株根腐病病害加重。同一种植方式下,接种 *R. intraradices* 菌剂可显著降低大豆植株根腐病病情指数,说明接种 *R. intraradices* 菌剂对大豆根腐病防治效果显著,可有效缓解大豆植株根腐病病害。此外,由表 3.3 可知,迎茬种植的大豆接种 *R. intraradices* 菌剂后其根腐病病情指数与正茬种植的大豆未接种 *R. intraradices* 菌剂的对照组大豆根腐病病情指数相近,此结果进一步证明接种 *R. intraradices* 菌剂能够有效地缓解大豆根腐病病害。

3.3.3 不同试验处理方式对 AM 真菌孢子密度的影响

在大豆出苗后 150 d,测定不同处理方式下大豆根际土壤 AM 真菌孢子的密度,结果见表3.4。

表3.4　不同处理方式下大豆根际土壤AM真菌孢子密度　个/g

试验处理	AM真菌孢子密度
正茬不接种 *R. intraradices*(0yCK)	8.1±0.5[c]
正茬接种 *R. intraradices*(0yR)	21.2±0.7[a]
迎茬不接种 *R. intraradices*(1yCK)	4.9±0.4[d]
迎茬接种 *R. intraradices*(1yR)	14.7±0.5[b]

注:不同字母表示不同处理方式差异显著($P<0.05$)。

由表3.4可知,接种 *R. intraradices* 可显著提高大豆根际土壤中AM真菌孢子密度,说明 *R. intraradices* 与本试验样地土著AM真菌之间无相互抑制作用,在AM真菌侵染植物根系及发育、繁殖等阶段,不同AM真菌间可相互促进、共同生长。此外,由表3.4可知,迎茬种植的大豆根际土壤中AM真菌孢子密度相较于正茬种植的大豆根际土壤中AM真菌孢子密度均显著降低,表明大豆种植方式会显著影响土壤中AM真菌孢子密度,这可能与不同种植方式会导致土壤理化性质及微生物菌群组成发生变化有关。

接种 *R. intraradices* 和种植方式对AM真菌孢子密度影响的双因素方差分析见表3.5。

表3.5　接种 *R. intraradices* 和种植方式对AM真菌孢子密度影响的双因素方差分析

指标	项目	接种 *R. intraradices*(I)	种植方式(P)	$I\times P$
AM真菌	df	1	1	1
孢子密度	MS	107.042	314.368	20.28
	F值	0.001**	0.001**	0.02*

注:*表示各因素在$P<0.05$水平有差异显著性;**表示各因素在$P<0.01$水平有差异显著性。

由表3.5可知,接种 *R. intraradices* 与大豆种植方式的交互作用对AM真菌孢子密度有显著影响。接种 *R. intraradices* 可有效缓解因大豆迎茬障碍引起的土壤环境变劣等问题,从而提高土壤中AM真菌孢子密度。

3.3.4　不同试验处理方式对大田大豆植株生物量的影响

(1)对大田大豆植株地上部分鲜重的影响。

通过对不同试验处理方式下大豆植株出苗后30 d、60 d、90 d及120 d地上部分鲜重的分析(表3.6)可知,未接种 *R. intraradices* 菌剂的迎茬种植的大豆植株地上部分鲜重均低于未接种 *R. intraradices* 菌剂的正茬种植的大豆植株地上部分鲜重,表明在大田种植条件下,大豆迎茬种植能够显著降低大豆植株地上部分鲜重。接种 *R. intraradices* 菌剂后,大豆植株地上部分鲜重均有显著提高($P<0.001$),且接种 *R. intraradices* 菌剂后迎茬种植

的大豆植株地上部分鲜重略高于未接种 *R. intraradices* 菌剂的正茬种植的大豆植株地上部分鲜重，表明接种*R. intraradices*菌剂可以显著提高大豆植株地上部分鲜重，且在一定程度上缓解了大豆迎茬障碍，此结果与盆栽试验结果一致。

表 3.6　不同试验处理方式对大田大豆植株地上部分鲜重的影响　g

处理方式	30 d	60 d	90 d	120 d
0yR	7.89 ± 0.92^{a}	60.19 ± 0.89^{a}	90.27 ± 1.03^{a}	104.56 ± 1.19^{a}
0yCK	7.25 ± 0.63^{b}	53.87 ± 0.85^{c}	76.62 ± 0.88^{c}	87.94 ± 1.06^{c}
1yR	7.32 ± 0.81^{b}	55.36 ± 0.68^{b}	78.63 ± 0.97^{b}	90.15 ± 0.87^{b}
1yCK	6.97 ± 0.52^{c}	49.23 ± 0.71^{d}	64.61 ± 1.09^{d}	73.56 ± 1.16^{d}

注：不同字母表示不同处理方式差异显著（$P < 0.05$）。

（2）对大田大豆植株地上部分干重的影响。

不同试验处理方式对大田大豆植株地上部分干重的影响见表 3.7。

表 3.7　不同试验处理方式对大田大豆植株地上部分干重的影响　g

处理方式	30 d	60 d	90 d	120 d
0yR	2.97 ± 0.38^{a}	14.26 ± 0.82^{a}	29.31 ± 1.13^{a}	33.12 ± 1.15^{a}
0yCK	2.52 ± 0.31^{b}	13.19 ± 0.65^{b}	25.36 ± 0.67^{b}	29.35 ± 1.27^{b}
1yR	2.61 ± 0.35^{b}	13.35 ± 0.43^{b}	25.92 ± 0.59^{b}	29.94 ± 1.04^{b}
1yCK	2.31 ± 0.27^{c}	11.68 ± 0.67^{c}	21.34 ± 0.71^{c}	24.47 ± 0.98^{c}

注：不同字母表示不同处理方式差异显著（$P < 0.05$）。

由表 3.7 可知，不同试验处理方式对大田大豆植株地上部分干重的影响具有一定的差异，此结果与不同试验处理方式对大田大豆植株地上部分鲜重的影响趋势相似。未接种 *R. intraradices* 菌剂的迎茬种植的大豆植株地上部分干重均低于未接种 *R. intraradices* 菌剂的正茬种植的大豆植株地上部分干重，表明在大田种植条件下，大豆迎茬种植能够显著降低大豆植株地上部分干重。接种 *R. intraradices* 菌剂可显著提高正茬与迎茬种植的大豆植株地上部分干重，且接种*R. intraradices*菌剂的迎茬种植的大豆植株各时期地上部分干重均略高于未接种 *R. intraradices* 菌剂的正茬种植的大豆植株各时期地上部分干重，表明 *R. intraradices* 菌剂可在一定程度上缓解大豆迎茬障碍，进而提高大豆植株地上部分干重。

（3）对大田大豆植株地下部分鲜重的影响。

不同试验处理方式对大田大豆植株地下部分鲜重的影响见表 3.8。

表 3.8　不同试验处理方式对大田大豆植株地下部分鲜重的影响　g

处理方式	30 d	60 d	90 d	120 d
0yR	0.92±0.09[a]	7.06±0.73[a]	11.86±0.85[a]	16.36±1.06[a]
0yCK	0.78±0.12[b]	6.79±0.61[b]	10.05±0.73[b]	14.16±0.85[b]
1yR	0.80±0.09[b]	6.84±0.53[b]	10.16±0.87[b]	14.37±0.98[b]
1yCK	0.62±0.08[c]	5.98±0.69[c]	8.89±0.48[c]	12.27±0.76[c]

注：不同字母表示不同处理方式差异显著（$P < 0.05$）。

由表 3.8 可知，与大豆植株地上部分鲜重研究结果相似，未接种 *R. intraradices* 菌剂的迎茬种植的大豆植株地下部分鲜重均低于未接种 *R. intraradices* 菌剂的正茬种植的大豆植株地下部分鲜重，表明大豆迎茬种植能够显著降低大豆植株地下部分鲜重，这可能与迎茬种植不利于大豆植株根系发育有关。接种 *R. intraradices* 菌剂后，大田大豆植株地下部分鲜重显著增加，且接种 *R. intraradices* 菌剂的迎茬种植的大豆植株地下部分鲜重略高于未接种 *R. intraradices* 菌剂的正茬种植的大豆植株地下部分鲜重，表明接种 *R. intraradices* 菌剂可以显著提高大田大豆植株地下部分鲜重，这可能与菌根共生体的形成有关。

（4）对大田大豆植株地下部分干重的影响。

不同试验处理方式对大田大豆植株地下部分干重的影响见表 3.9。

表 3.9　不同试验处理方式对大田大豆植株地下部分干重的影响　g

处理方式	30 d	60 d	90 d	120 d
0yR	0.39±0.06[a]	3.07±0.31[a]	4.12±0.58[a]	5.26±0.90[a]
0yCK	0.29±0.04[b]	2.58±0.29[b]	3.62±0.61[b]	4.37±0.88[b]
1yR	0.30±0.05[b]	2.63±0.37[b]	3.70±0.63[b]	4.69±0.51[b]
1yCK	0.23±0.04[c]	2.32±0.36[c]	3.11±0.42[c]	4.28±0.77[c]

注：不同字母表示不同处理方式差异显著（$P < 0.05$）。

由表 3.9 可知，与大田大豆植株地下部分鲜重研究结果相似，不同试验处理方式对大田大豆植株地下部分干重的影响差异较大。接种 *R. intraradices* 菌剂后，大田大豆植株地下部分干重均显著增加，表明接种 *R. intraradices* 菌剂可以显著提高大田大豆植株地下部分干重。未接种 *R. intraradices* 菌剂的正茬种植的大豆植株地下部分干重均高于未接种 *R. intraradices* 菌剂的迎茬种植的大豆植株地下部分干重，表明大豆迎茬种植不利于大豆植株地下部分物质积累。此外，接种 *R. intraradices* 菌剂后迎茬种植的大豆植株各时期地下部分干重均略高于正茬种植的大豆植株各时期地下部分干重，进一步表明接种 *R. intraradices* 菌剂可以显著提高大豆植株地下部分干重。

（5）对大田大豆植株株高的影响。

不同试验处理方式对大田大豆植株株高的影响见表3.10。

表3.10　不同试验处理方式对大田大豆植株株高的影响 cm

处理方式	30 d	60 d	90 d	120 d
0yR	30.82 ± 0.71^{a}	56.53 ± 1.21^{a}	74.03 ± 2.28^{a}	90.03 ± 2.17^{a}
0yCK	30.45 ± 0.40^{b}	53.61 ± 1.02^{b}	66.87 ± 1.85^{b}	81.97 ± 1.75^{b}
1yR	30.52 ± 0.72^{b}	53.91 ± 0.98^{b}	67.26 ± 2.09^{b}	82.41 ± 1.83^{b}
1yCK	29.90 ± 0.61^{c}	47.52 ± 1.19^{c}	61.73 ± 1.54^{c}	73.82 ± 1.69^{c}

注：不同字母表示不同处理方式差异显著（$P < 0.05$）。

由表3.10可知，大豆植株出苗后30 d，处理方式对大田大豆植株株高的影响差异不显著，但随着时间的增长，处理方式对大田大豆植株株高的影响差异逐渐显著。接种*R. intraradices*菌剂后，正茬与迎茬种植的大豆植株株高均呈现显著增加的趋势，说明*R. intraradices*可以与大豆植株根系形成菌根共生体，促进大豆植株对营养元素的吸收，进而提升大豆植株株高。此外，相同试验处理方式下，迎茬种植的大豆植株株高在不同时期均低于正茬种植的大豆植株株高，表明大豆迎茬种植能够导致其株高显著降低。当接种*R. intraradices*菌剂后，迎茬种植的大豆植株株高呈现出略高于未接种*R. intraradices*菌剂的正茬种植的大豆植株株高的趋势，表明接种*R. intraradices*菌剂可有效缓解大豆迎茬障碍。

（6）对大田大豆植株茎粗的影响。

不同试验处理方式对大田大豆植株茎粗的影响见表3.11。

表3.11　不同试验处理方式对大田大豆植株茎粗的影响 cm

处理方式	30 d	60 d	90 d	120 d
0yR	0.38 ± 0.08^{a}	0.59 ± 0.13^{a}	0.83 ± 0.16^{a}	1.08 ± 0.08^{a}
0yCK	0.35 ± 0.07^{b}	0.51 ± 0.09^{b}	0.74 ± 0.14^{b}	0.92 ± 0.09^{b}
1yR	0.36 ± 0.09^{b}	0.53 ± 0.12^{b}	0.78 ± 0.10^{b}	0.95 ± 0.10^{b}
1yCK	0.34 ± 0.07^{b}	0.46 ± 0.08^{c}	0.69 ± 0.09^{c}	0.88 ± 0.07^{c}

注：不同字母表示不同处理方式差异显著（$P < 0.05$）。

由表3.11可知，与大豆植株株高的变化趋势相似，大豆植株出苗后30 d，处理方式对大田大豆植株茎粗的影响差异不显著，但随着种植时间的增长，处理方式对大田大豆植株茎粗的影响差异逐渐显著。在同一生长时期相同处理方式下，迎茬种植的大豆植株茎粗均略小于正茬种植的大豆植株茎粗，表明大豆迎茬种植方式对其茎粗具有负面影响。此外，接种*R. intraradices*菌剂的大豆植株茎粗显著高于未接种*R. intraradices*菌剂的大豆植株茎粗，这是因为*R. intraradices*和大豆植株根系形成共生关系后，能够增强大豆植株抗逆性,促进植株茎的发育,降低土壤中病原微生物对其产生的危害。

(7)对大田大豆植株根长的影响。

不同试验处理方式对大田大豆植株根长的影响见表 3.12。

表 3.12　不同试验处理方式对大田大豆植株根长的影响　cm

处理方式	30 d	60 d	90 d	120 d
0yR	12.11±0.18[a]	17.95±0.23[a]	22.21±0.37[a]	25.82±0.33[a]
0yCK	11.32±0.16[b]	14.78±0.26[b]	17.26±0.26[b]	20.31±0.24[b]
1yR	11.41±0.23[b]	15.67±0.29[b]	18.67±0.31[b]	22.25±0.18[b]
1yCK	10.02±0.19[c]	13.21±0.18[c]	15.12±0.16[c]	17.96±0.27[c]

注:不同字母表示不同处理方式差异显著($P < 0.05$)。

由表 3.12 可知,*R. intraradices* 菌剂能够有效地促进大田大豆植株根的生长,而大豆迎茬种植方式不利于大豆植株根系的发育,这是由于迎茬种植的大豆土壤中有害微生物较多,有毒有害物质增多,土壤肥力降低,大豆植株根部易感染病害,不利于大豆植株根系生长,而接种 *R. intraradices* 菌剂可促进大豆植株根系发育,有效缓解大豆迎茬障碍。

(8)对大田大豆产量的影响。

不同试验处理方式对大田大豆产量的影响见表 3.13。

表 3.13　不同试验处理方式对大田大豆产量的影响

处理方式	百粒重/g	单株产量/g	单株荚数/个
0yR	28.02±1.31[a]	25.98±1.51[a]	78.48±1.12[a]
0yCK	25.87±1.05[b]	22.63±0.89[b]	66.67±1.53[b]
1yR	24.68±0.98[c]	19.86±1.05[c]	59.84±1.59[c]
1yCK	20.91±0.86[d]	17.79±1.17[d]	50.39±1.31[d]

注:不同字母表示不同处理方式差异显著($P < 0.05$)。

由表 3.13 可知,正茬种植方式下的大田大豆百粒重、单株产量和单株荚数均高于迎茬种植方式,这是由于迎茬种植的大豆植株根系更易受根腐病影响,从而大豆植株根长、茎粗、鲜重与干重等生物量降低。此外,接种 *R. intraradices* 菌剂后,正茬与迎茬种植的大豆植株百粒重、单株产量和单株荚数均显著增加,表明菌根结构形成后,大豆植株根系抵御病原菌侵袭的能力显著增强,有利于提高大田大豆产量。

3.3.5　大豆根际土壤细菌菌群组成分析

(1)大豆根际土壤细菌多样性分析。

4 个根际土壤样品共获得 905 738 条细菌序列,平均每个样品有 226 435 条优质细菌序列,以 97% 的相似性水平聚集在 1 946 个 OTU 中。由表 3.14 可知,4 个 DNA 文库的

Good 覆盖率均大于 0.999,说明所有土壤样本的测序深度均可代表根际土壤细菌群落。4 个根际土壤样本的 Chao1 指数在 1 900.86 ~ 1 923.85 之间。4 个根际土壤样本的 Shannon 指数变化幅度为6.374 2 ~6.587 7。较高的 Chao1 和 Shannon 指数表明根际土壤细菌多样性较高。此外,Non1YSB 的 Simpson 指数最高,而 Ace 指数相反,表明迎茬种植的大豆根际土壤细菌多样性水平低于正茬种植的大豆根际土壤细菌多样性水平。由表 3.14 还可知,接种 *R. intraradices* 能够显著提高根际土壤细菌多样性。

表 3.14 土壤样本中细菌多样性指数

样本 ID	OTU	Ace	Chao1	Simpson	Shannon	Coverage
Non0YSB	1 923±5[c]	1 901.96±8.27[a]	1 911.32±11.65[ab]	0.003 7±0.000 1[c]	6.577 6±0.018 3[a]	0.999 9±0.000 1[a]
In0YSB	1 919±10[d]	1 905.36±6.05[a]	1 923.85±6.23[a]	0.003 5±0.000 1[c]	6.587 7±0.006 5[a]	0.999 8±0.000 2[a]
Non1YSB	1 925±8[a]	1 894.94±10.75[a]	1 900.86±2.73[c]	0.005 9±0.000 1[a]	6.374 2±0.010 9[c]	0.999 9±0.000 1[a]
In1YSB	1 922±3[bc]	1 896.64±4.30[a]	1 911.03±11.38[ab]	0.004 8±0.000 2[b]	6.450 4±0.021 1[b]	0.999 9±0.000 2[a]

注:Non 代表不接种 *R. intraradices*;In 代表接种 *R. intraradices*;0Y 和 1Y 分别代表正茬和迎茬种植;SB 代表根际土壤细菌;末位数字代表 3 个生物学重复;不同字母表示不同处理方式差异显著($P < 0.05$)。

OTU 的分布使用 VENN 图进行评估,如图 3.1 所示,在相同种植方式下,接种 *R. intraradices* 与不接种 *R. intraradices* 的大豆根际土壤样本间共享 OTU 数量存在显著差异,说明 *R. intraradices* 对样本 OTU 数量影响较大。

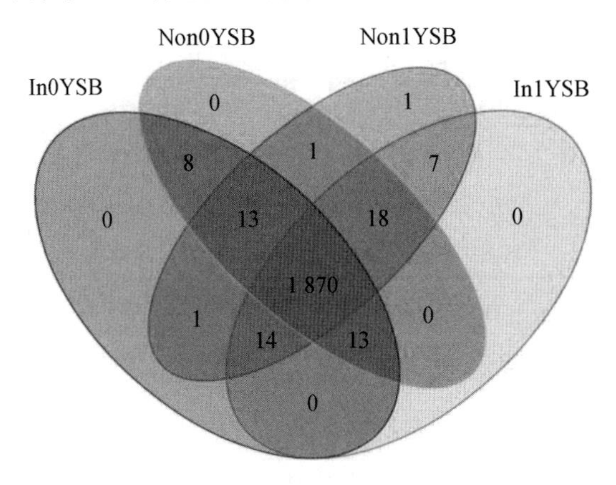

图 3.1 土壤样本细菌多样性 VENN 图

(2)稀释性曲线。

由土壤样本细菌菌群稀释性曲线图(图 3.2)可知,起始阶段均呈现出急剧上升的趋势,表明有大量新物种被发现,后期逐渐趋于平缓,表明被检测到的新 OTU 数目不再增加,测序量达到要求,样本量充足,测序深度较高,可以满足后续分析要求。由图 3.2 可以看出,4 个土壤样本稀释性曲线整体趋势相似,每个样本中至少有 1 919 个 OTU,表明 4 个土壤样本中细菌菌群组成具有一定的相似性,能够准确地反映各样本中物种丰度的变化。

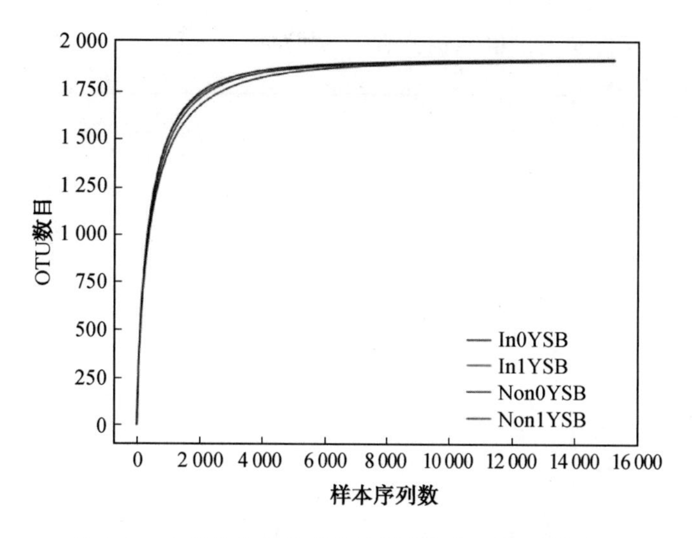

图 3.2　土壤样本细菌菌群稀释性曲线(彩图见附录)

(3)Shannon 指数曲线。

由图 3.3 可知,4 个土壤样本起始阶段的 Shannon 指数曲线均非常陡峭,表明有大量新的 OTU 被发现。随着测序数量的不断增加,Shannon 指数曲线逐渐趋于平坦,说明测序的数据量达到一定程度,OTU 数量不再增加,表明 4 个土壤样本的测序量符合要求,能够准确地反映出不同土壤样本中的细菌多样性。

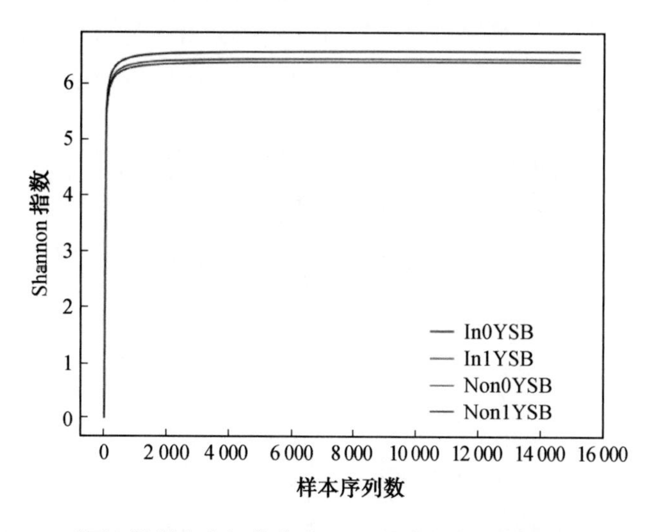

图 3.3　不同土壤样本中细菌菌群 Shannon 指数曲线(彩图见附录)

(4)等级丰度曲线。

由图 3.4 可知,4 个土壤样本等级丰度曲线整体趋势均较为相似,各土壤样本细菌丰富度和均匀度均符合测序要求,随着测序深度的进一步增加,等级丰度曲线逐渐趋于平缓,表明 4 个土壤样本中细菌的丰富度与均匀度均较高,其细菌数量与种类均较复杂,能够进行后续细菌多样性及其菌群结构分析。

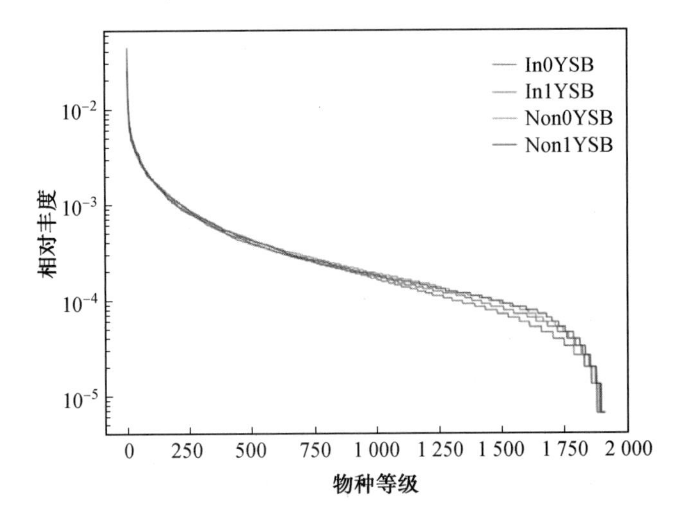

图3.4　不同土壤样本中细菌菌群等级丰度曲线(彩图见附录)

(5)根际土壤细菌菌群分布柱状图。

在4个根际土壤样品中共检测到了20个不同的细菌门(图3.5)。由图3.5可知,4个根际土壤样本中最具优势的3个细菌门依次为变形菌门(Proteobacteria)、酸杆菌门(Acidobacteria)和放线菌门(Actinobacteria)。除In0YSB土壤样本外,另外3个根际土壤样本中其他优势细菌门依次为绿弯菌门(Chloroflexi)、芽单胞菌门(Gemmatimonadetes)和拟杆菌门(Bacteroidetes)。In0YSB土壤样本中,第4个优势细菌门为Gemmatimonadetes

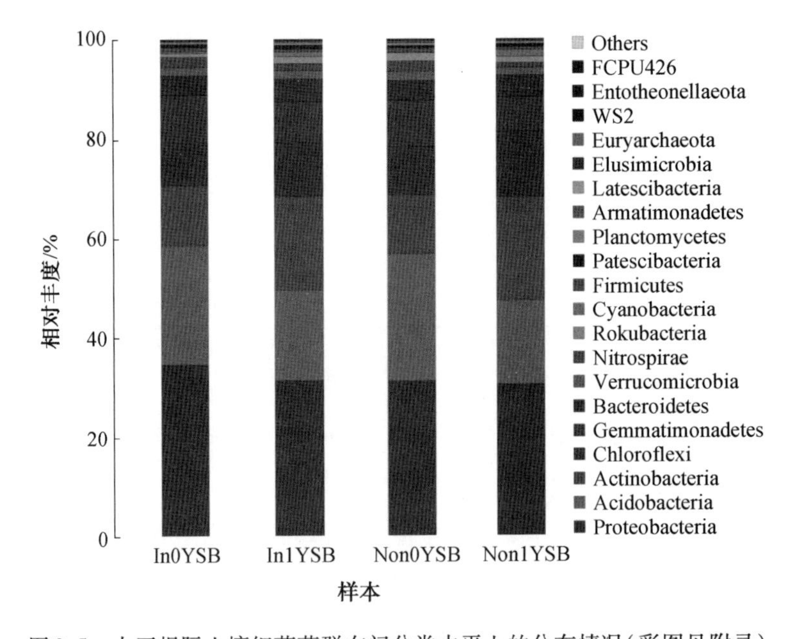

图3.5　大豆根际土壤细菌菌群在门分类水平上的分布情况(彩图见附录)

(9.53%),其次为 Chloroflexi(8.65%)和 Bacteroidetes(3.99%)。4 个根际土壤样本中其他优势细菌门的相对丰度均在 *R. intraradices* 和大豆种植方式的影响下呈现显著差异。除了 Non1YSB 土壤样本外,其他 3 个根际土壤样本中疣微菌门(Verrucomicrobia)的相对丰度均具有显著优势。此外,硝化螺旋菌门(Nitrospirae)的相对丰度在 Non1YSB 土壤样本中仅为 0.97%,而在 In0YSB 土壤样本中则显著增加至 2.12%。

在属水平上,所有根际土壤样本中最具优势的细菌属均为 uncultured_bacterium_c_Subgroup_6(图 3.6)。由图 3.6 可知,In0YSB 根际土壤样本中鞘氨醇单胞菌属(*Sphingomonas*)的相对丰度为 7.12%,远高于其他 3 个根际土壤样本。在 In0YSB 根际土壤样本中检出的其他菌属分别为芽单胞菌属(*Gemmatimonas*,2.90%)、硝化螺旋菌属(*Nitrospira*,2.12%)、苔藓杆菌属(*Bryobacter*,1.86%)、盐囊菌属(*Haliangium*,1.23%)和节杆菌属(*Arthrobacter*,0.95%)。而在 Non1YSB 根际土壤样本中 *Gemmatimonas* 的相对丰度则显著下降,仅维持在 1.01%。接种 *R. intraradices* 后,In0YSB 和 In1YSB 根际土壤样本中 *Gemmatimonas*、*Nitrospira* 和 *Arthrobacter* 的相对丰度分别高于 Non0YSB 和 Non1YSB 根际土壤样本。结果表明,接种 *R. intraradices* 会影响根际土壤样本中的细菌群落组成。此外,正茬与迎茬种植的大豆根际土壤样本中优势细菌属的相对丰度也存在显著差异,表明 *R. intraradices* 与大豆种植方式对大豆根际土壤细菌菌群组成有一定影响。

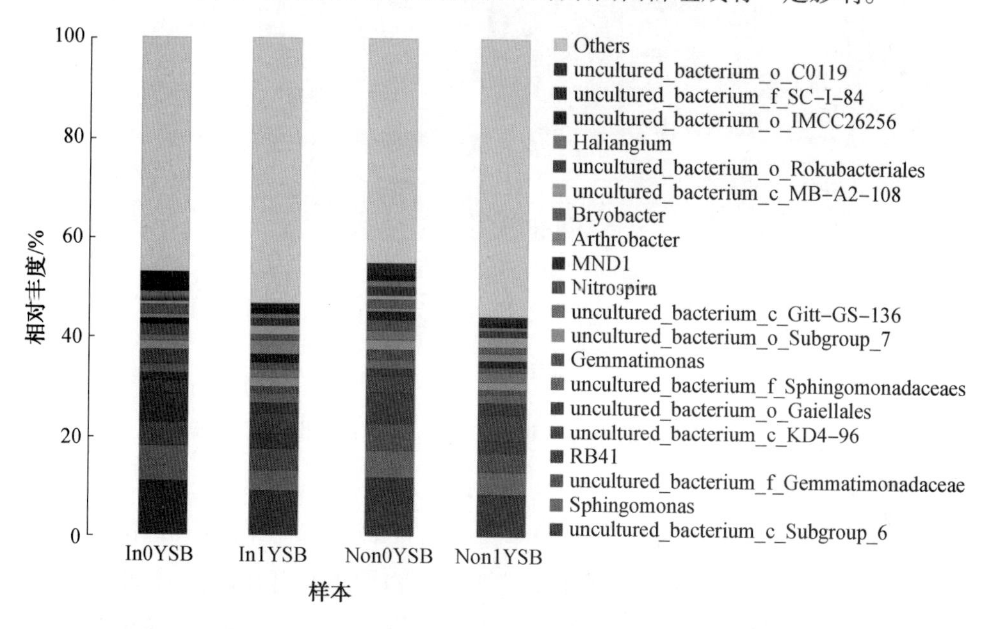

图 3.6 大豆根际土壤细菌菌群在属分类水平上的分布情况(彩图见附录)

(6)根际土壤细菌菌群物种丰度聚类热图。

根据大豆根际土壤中最丰富的 100 个细菌属的热图(图 3.7),将 4 个根际土壤样本划分为两个类群,即 Non0YSB 和 In0YSB 聚类;Non1YSB 和 In1YSB 聚类在一起,表明聚在一起的两个根际土壤样本间的细菌菌群组成相似。由图 3.7 可知,*R. intraradices* 与大豆种植方式均对大豆根际土壤样本中优势细菌属及其相对丰度有显著影响。

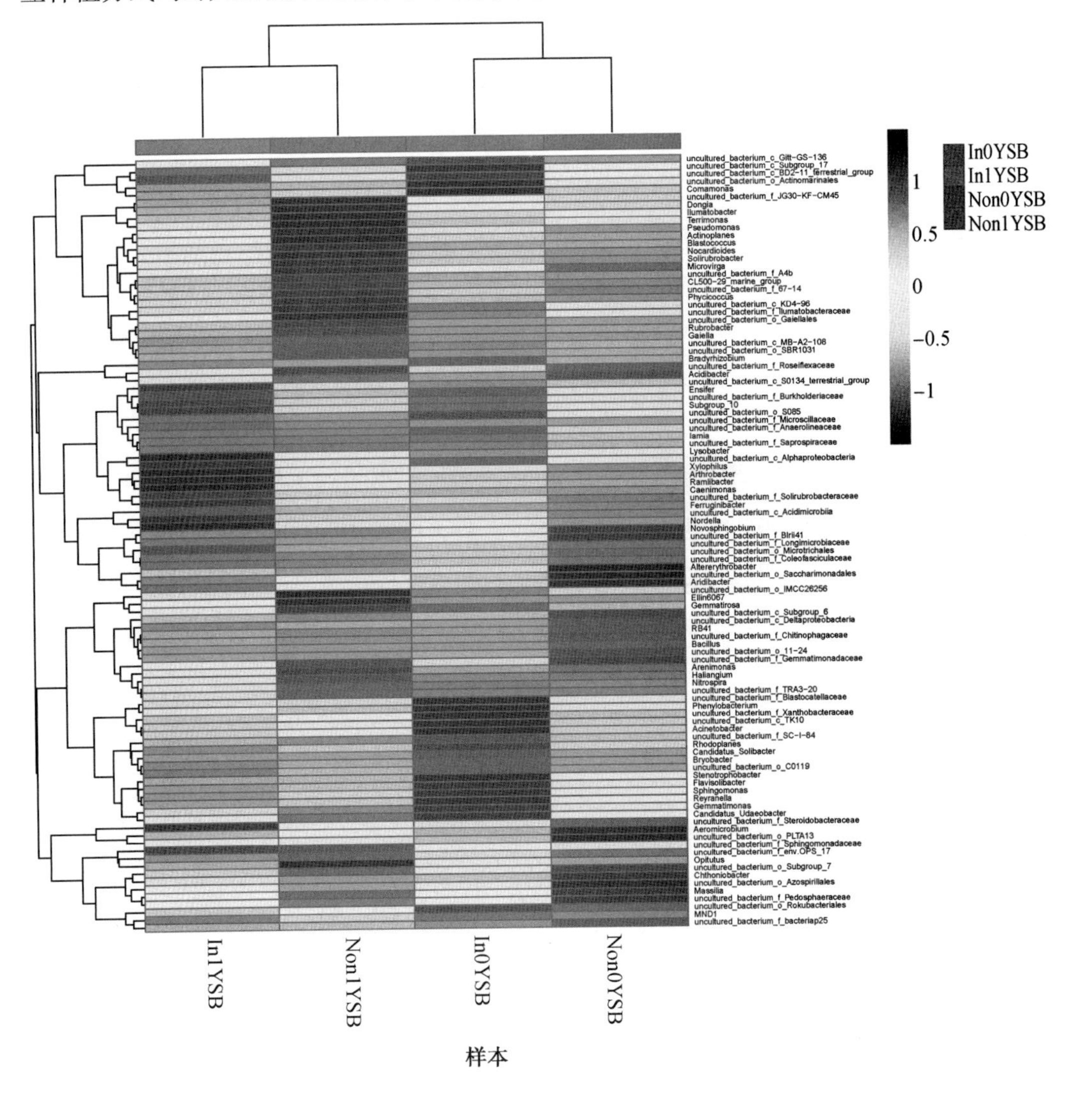

图 3.7　大豆根际土壤中最丰富的 100 个细菌属的热图(彩图见附录)

(7)UPGMA 分析。

根据不同土壤样本中细菌菌群 UPGMA 聚类树(图 3.8),结果表明,正茬与迎茬种植的大豆根际土壤样本细菌菌群组成存在较大差异。由图 3.8 可知,同一类型土壤样本均处于同一分支中,表明其细菌菌群组成具有高度相似性,说明根际土壤细菌菌群组成受接种 *R. intraradices* 的影响相对较小,而受大豆种植方式影响相对较大。

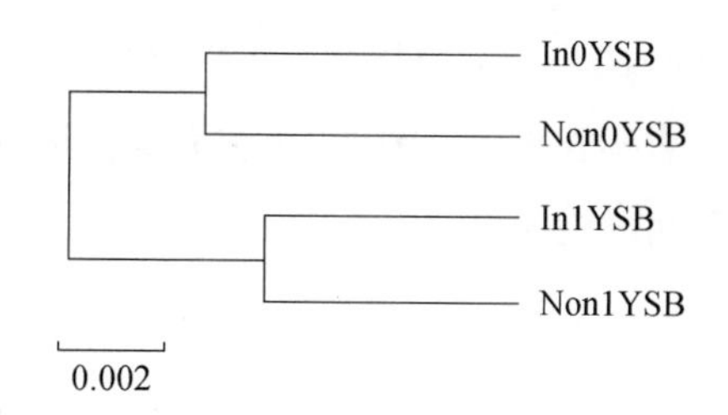

图3.8 不同土壤样本中细菌菌群 UPGMA 聚类树

3.3.6 大豆根际土壤真菌菌群组成分析

(1)大豆根际土壤真菌多样性分析 。

4个大豆根际土壤样本共含有860 192条真菌DNA序列,平均每个样本含215 048条优质真菌DNA序列。大豆根际土壤真菌多样性指数与细菌多样性指数的趋势相似(表3.15)。真菌DNA序列在97%的相似性水平上聚集为684个OTU。由表3.15可知,4个DNA文库的Good覆盖率均大于0.999。所有样本的Chao1和Shannon指数范围分别为196.59~312.54和2.515 3~4.697 0。In0YSF土壤样本的Simpson指数最低,Ace指数最高。迎茬种植的大豆根际土壤真菌多样性水平低于正茬种植的大豆根际土壤真菌多样性水平,这与细菌多样性水平分析结果一致。此外,研究表明,接种*R. intraradices*可增加大豆根际土壤真菌多样性。

表3.15 土壤样本中真菌多样性指数

样本ID	OTU	Ace	Chao1	Simpson	Shannon	Coverage
Non0YSF	343±57[b]	265.64±62.59[ab]	243.78±46.31[b]	0.151 8±0.058 7[a]	2.745 7±0.810 5[b]	0.999 0±0.000 1[b]
In0YSF	567±34[a]	330.03±32.23[a]	312.54±33.21[a]	0.019 9±0.008 6[b]	4.697 0±0.108 6[a]	0.999 3±0.000 2[a]
Non1YSF	227±15[b]	203.84±24.80[b]	196.59±30.48[b]	0.182 3±0.045 5[a]	2.515 3±0.147 4[b]	0.999 1±0.000 1[b]
In1YSF	226±17[b]	197.29±15.32[b]	196.92±21.84[b]	0.170 2±0.028 5[a]	2.517 0±0.448 1[b]	0.999 1±0.000 1[b]

注:Non代表不接种*R. intraradices*;In代表接种*R. intraradices*;0Y和1Y分别代表正茬和迎茬种植;SF代表根际土壤真菌;末位数字代表3个生物学重复;不同字母表示不同处理方式差异显著($P < 0.05$)。

不同土壤样本真菌多样性VENN图(图3.9)表明,接种*R. intraradices*与不接种*R. intraradices*的大豆根际土壤样本间共享真菌OTU数量也存在差异,但与大豆根际土壤样本间共享细菌OTU数量相比,共享真菌OTU数量较少。

(2)稀释性曲线。

由不同土壤样本真菌菌群稀释性曲线图(图3.10)可知,4个大豆根际土壤样本中,随着DNA序列数的不断增加,其真菌菌群稀释性曲线逐渐趋向平坦,表明其测序数据量已经达到要求,更多的测序数据量仅能产生较少的OTU,反映该样本测序深度相对较高。此外,由图3.10可知,每个土壤样本中至少有226个OTU,其中In0YSF土壤样本中真菌菌群 OTU 数目最高,其次为 Non0YSF 土壤样本,而 Non1YSF 和 In1YSF 土壤样本的 OTU 数目接近,仅相差 1 个 OTU,表明在 *R. intraradices* 和大豆种植方式的影响下,各土壤样本中真菌菌群组成相较于细菌菌群组成更为复杂。

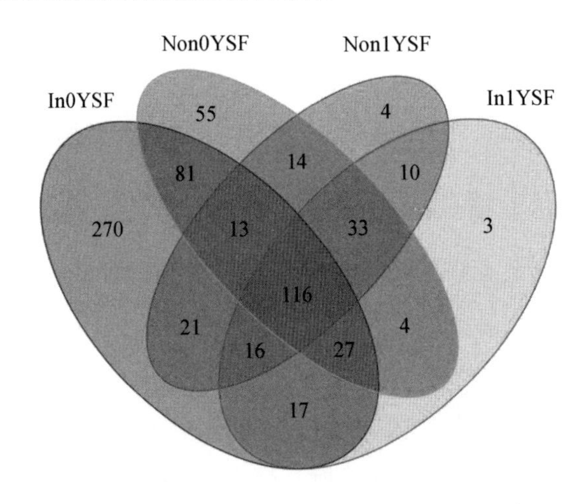

图 3.9 不同土壤样本真菌多样性 VENN 图

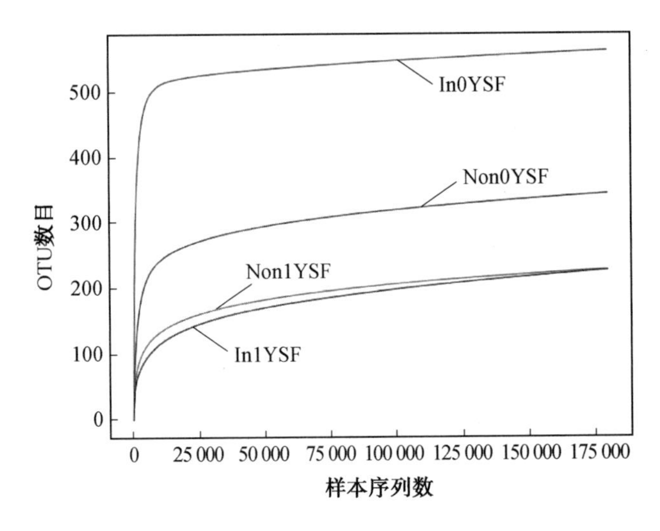

图 3.10 不同土壤样本真菌菌群稀释性曲线

(3)Shannon 指数曲线。

真菌菌群 Shannon 指数能够用来评价大豆根际土壤样本真菌多样性,该指数可以反映各土壤样本中物种丰富度,以及物种在真菌菌群中的分布情况。由不同土壤样本真菌菌群 Shannon 指数曲线(图 3.11)可知,In0YSF 土壤样本真菌菌群 Shannon 指数最高,其次为 Non0YSF 土壤样本,而 Non1YSF 和 In1YSF 土壤样本的 Shannon 指数接近,此结果进一步表明 *R. intraradices* 和大豆种植方式对土壤真菌多样性影响较大。

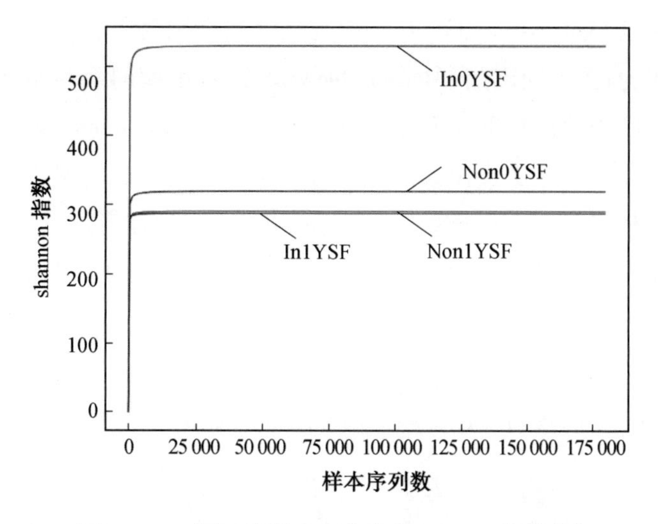

图 3.11　不同土壤样本真菌菌群 Shannon 指数曲线

(4)等级丰度曲线。

由图 3.12 可知,In0YSF 土壤样本的等级丰度曲线在横轴上的范围最大,Non0YSF 土壤样本居中,而 Non1YSF 和 In1YSF 土壤样本的等级丰度曲线在横轴上的范围最小且距离较相近。说明 In0YSF 土壤样本的物种丰度最高,Non0YSF 土壤样本的物种丰度居中,而 Non1YSF 和 In1YSF 土壤样本的物种丰度最低,这一研究结果与真菌菌群丰度指数 Ace 和 Chao 分析结果一致,进一步说明 *R. intraradices* 和大豆种植方式对其土壤真菌多样性影响较大。

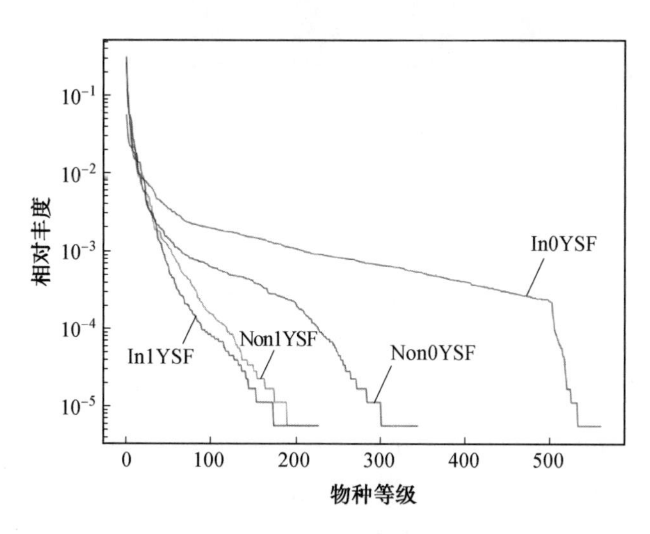

图 3.12　不同土壤样本中真菌菌群等级丰度曲线

(5)大豆根际土壤真菌菌群分布柱状图。

对不同根际土壤样本进行真菌菌群组成分析,研究不同处理方式下真菌菌群组成的变化。在4个根际土壤样本中,共鉴定出8个真菌门,分别为子囊菌门(Ascomycota)、担子菌门(Basidiomycota)、被孢霉门(Mortierellomycota)、罗兹菌门(Rozellomycota)、球囊菌门(Glomeromycota)、壶菌门(Chytridiomycota)、油壶菌门(Olpidiomycota)和毛霉门(Mucoromycota)。如大豆根际土壤真菌菌群在门分类水平上的分布情况(图3.13)所示,*R. intraradices* 和大豆种植方式对8个优势真菌门的相对丰度影响不同。在4个根际土壤样本中,Ascomycota(占总数的43.66%以上)是最具优势的真菌门,Basidiomycota 和 Mortierellomycota 分别为第2和第3优势真菌门。在 In0YSF 根际土壤样本中,Ascomycota 和 Mortierellomycota 的相对丰度显著高于其他根际土壤样本。此外,Rozellomycota、Glomeromycota、Chytridiomycota、Olpidiomycota 和 Mucoromycota 的相对丰度也很低。

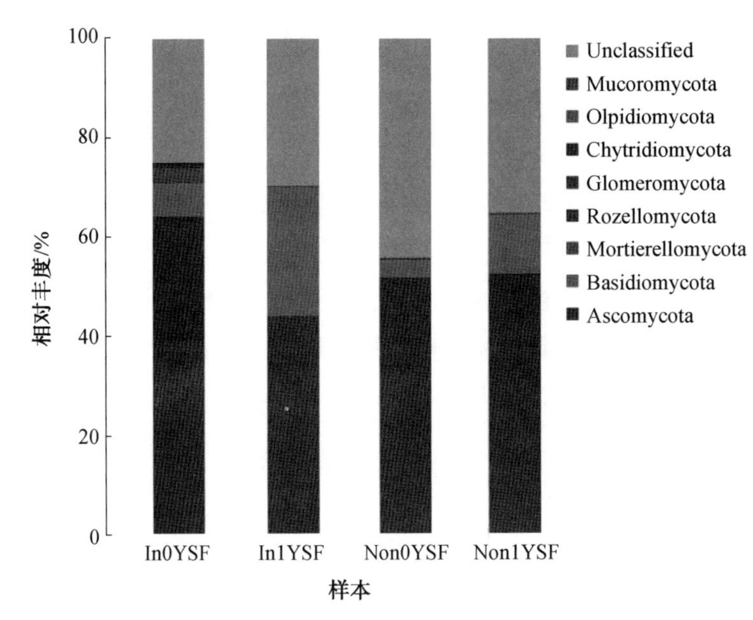

图3.13　大豆根际土壤真菌菌群在门分类水平上的分布情况(彩图见附录)

在真菌属水平上,4个根际土壤样本中优势真菌属的相对丰度存在显著差异。如大豆根际土壤真菌菌群在属分类水平上的分布情况(图3.14)所示,In1YSF 和 Non1YSF 根际土壤样本的优势真菌属均为粗糙孔菌属(*Subulicystidium*)。而在 In0YSF 和 Non0YSF 根际土壤样本中,镰孢霉属(*Fusarium*)为最具优势真菌属。值得注意的是,*Fusarium* 的相对丰度从 Non0YSF 土壤样本的15.72%显著降低到 In0YSF 土壤样本的1.58%。Non1YSF 和 In1YSF 土壤样本中 *Fusarium* 的相对丰度变化趋势相似。此外,在4个根际土壤样本中还检测到一些植物病原真菌,如土赤壳属(*Ilyonectria*)、癣囊腔菌属(*Plectosphaerella*)、枝孢菌属(*Cladosporium*)、棒孢菌属(*Corynespora*)和赤霉菌属(*Gibberella*),但其相对丰度存在显著差异。在 In1YSF 和 Non1YSF 土壤样本中,第2优势真菌属为柄孢壳属(*Podospora*),占总丰度的3.47%。*Ilyonectria*(6.48%)和 *Penicillium*(4.90%)分别为

Non0YSF 和 In0YSF 土壤样本中的第 2 优势真菌属。结果表明,*R. intraradices* 和大豆种植方式对大豆根际土壤真菌菌群组成影响显著,这与大豆根际土壤样本真菌门水平上的分析结果相似。

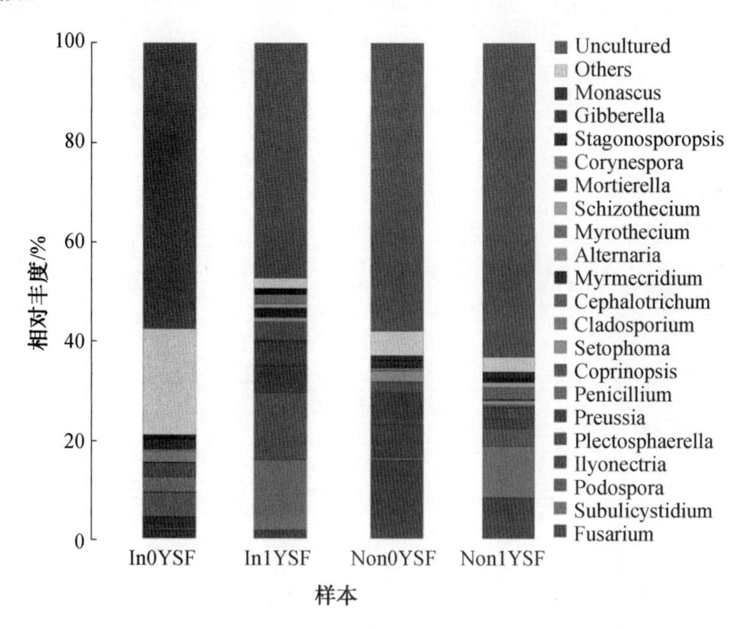

图 3.14　大豆根际土壤真菌菌群在属分类水平上的分布情况

(6)大豆根际土壤真菌菌群物种丰度聚类热图。

依据大豆根际土壤中最丰富的 100 个真菌属的热图(图 3.15)将 4 个大豆根际土壤样本划分为以下两组:In0YSF 没有与其他根际土壤样本聚类;Non0YSF、Non1YSF 和 In1YSF 聚集在一起,表明它们在形成真菌菌群组成方面具有相似的核心功能,这与属水平上真菌菌群组成分析结果一致。此外,结果还表明,*R. intraradices* 和大豆种植方式对 4 种大豆根际土壤样本中的优势真菌属及其相对丰度影响显著。

(7)UPGMA 分析。

本研究对 4 个大豆根际土壤样本真菌高通量测序的序列进行 UPGMA 分析(图 3.16),结果表明,各土壤样本真菌菌群组成存在较大差异。两个迎茬种植的大豆根际土壤样本处于同一分支中,表明其真菌菌群组成具有高度相似性。然而,两个正茬种植的大豆根际土壤样本并未处于同一分支中,表明其真菌菌群组成存在较大差异,这可能与接种 *R. intraradices* 密切相关,说明正茬种植的大豆根际土壤真菌菌群组成相较于迎茬种植的大豆根际土壤真菌菌群组成更易受 *R. intraradices* 的影响。

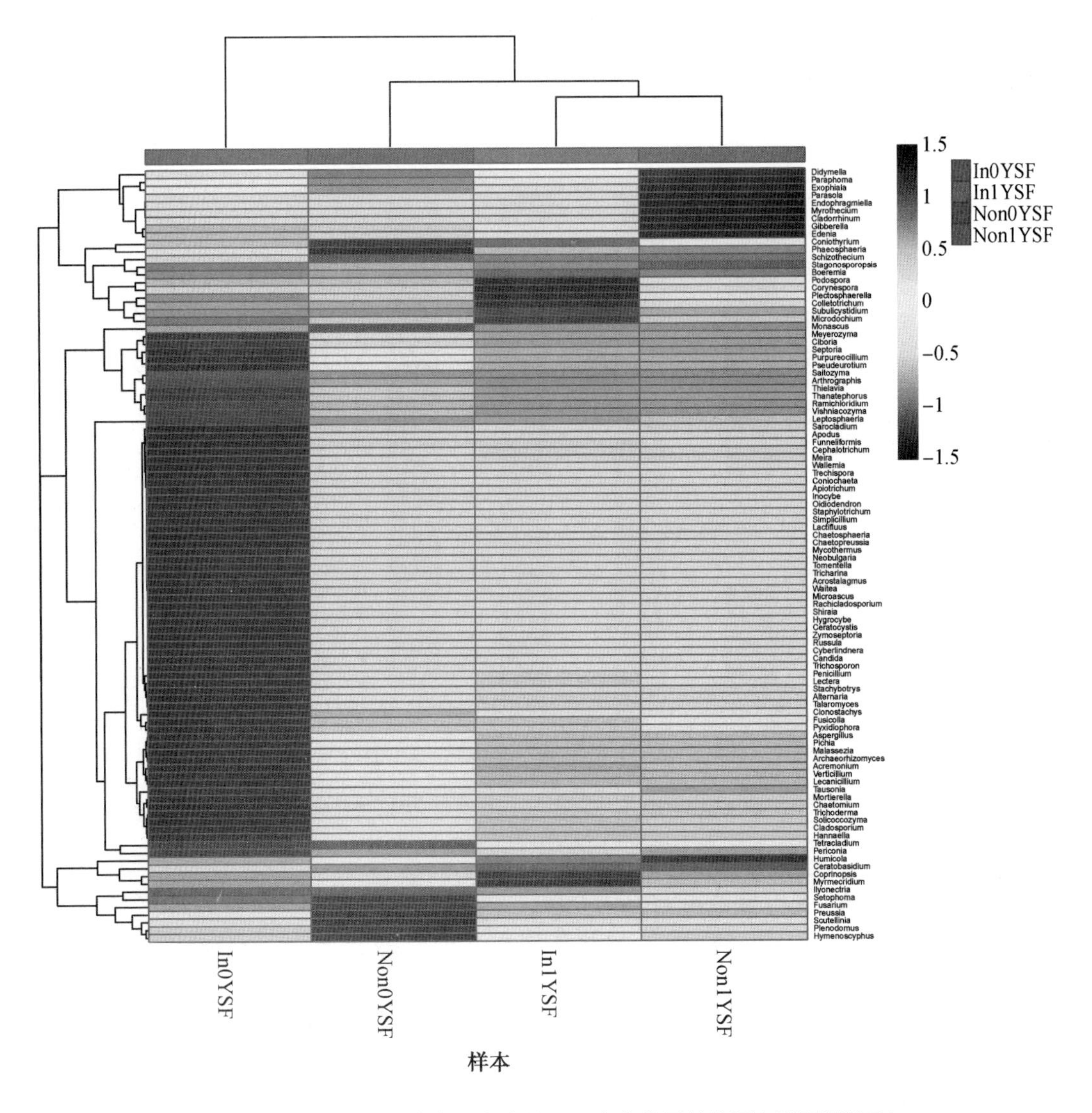

图 3.15　大豆根际土壤中最丰富的 100 个真菌属的热图(彩图见附录)

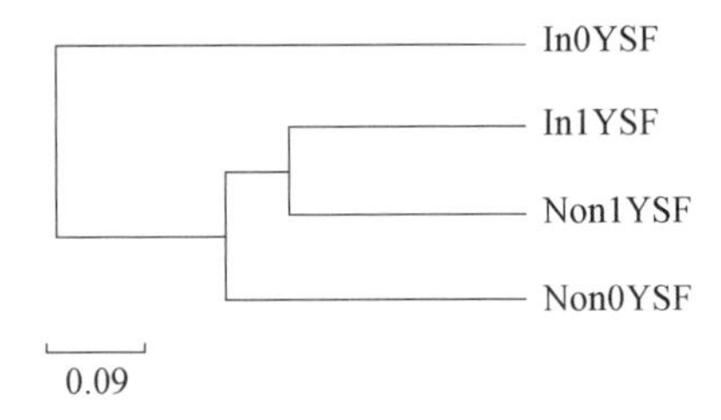

图 3.16　不同土壤样本中真菌菌群 UPGMA 聚类树

3.3.7 大豆植株根系细菌菌群组成分析

(1)大豆植株根系细菌多样性分析。

4个大豆植株根系样本共含有653 744条优质细菌序列,平均每个样本含163 436条序列,在97%的相似性水平上聚类649个OTU。4个DNA文库的Good覆盖率均大于0.999。由表3.16可知,4个样本的Chao1指数487.28~553.56之间,Shannon指数变化范围为2.8138~4.0754。Chao1和Shannon指数相对较差,表明样本中细菌多样性较低。此外,在In0YRB根系样本中,Simpson指数最低,而Ace指数相反。结果表明,正茬种植的大豆根系细菌多样性水平高于迎茬种植的大豆根系细菌多样性水平。此外,接种*R. intraradices*可显著增加大豆植株根系内细菌多样性。

表3.16 大豆植株根系样本中细菌多样性指数

样本ID	OTU	Ace	Chao1	Simpson	Shannon	Coverage
Non0YRB	437±89[ab]	503.52±22.88[ab]	505.65±31.89[ab]	0.103 3±0.082 4[a]	3.575 2±0.553 3[a]	0.999 8±0.000 1[a]
In0YRB	514±12[a]	539.35±18.87[a]	553.56±30.73[a]	0.075 8±0.028 7[a]	4.075 4±0.140 4[a]	0.999 4±0.000 3[a]
Non1YRB	395±50[b]	461.75±14.39[b]	487.28±12.97[b]	0.263 7±0.195 1[a]	2.813 8±1.153 9[a]	0.999 5±0.000 4[a]
In1YRB	451±53[ab]	496.19±44.30[ab]	499.93±39.22[ab]	0.127 9±0.096 6[a]	3.218 8±0.870 9[a]	0.999 8±0.000 1[a]

注:Non代表不接种*R. intraradices*;In代表接种*R. intraradices*;0Y和1Y分别代表正茬和迎茬种植;RB代表根系细菌;末位数字代表3个生物学重复;不同字母表示不同处理方式差异显著($P < 0.05$)。

利用VENN图评价4个大豆根系样本中细菌OTU的分布情况。从图3.17可以看出,与多样性分析结果相似,4个样本间共享OTU的数量存在显著差异。

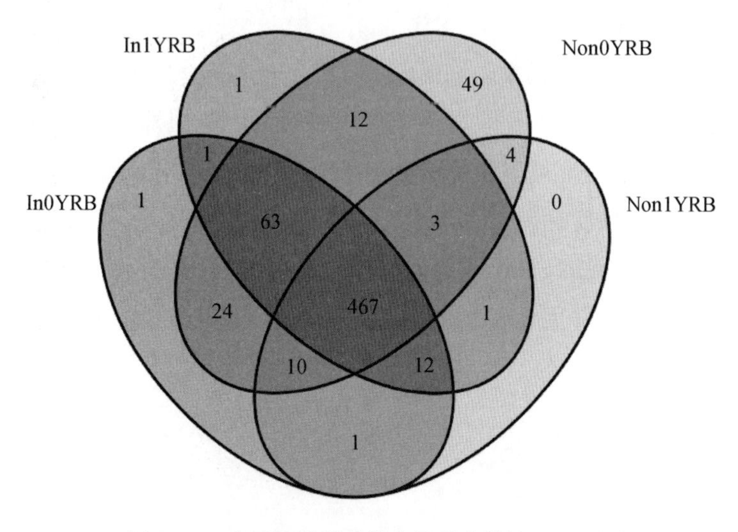

图3.17 大豆植株根系样本细菌多样性VENN图

(2)稀释性曲线。

由图 3.18 可知,样本细菌菌群稀释性曲线起始阶段均迅速上升,随着 DNA 序列数的增加,稀释性曲线逐渐趋于平缓,表明测序数量合理且已经覆盖大豆根际土壤样本中绝大多数优势细菌,测序结果真实、有效。正茬与迎茬种植的大豆植株根系中细菌菌群 OTU 表现为:正茬种植的高于迎茬种植的,说明正茬种植的大豆植株根系中的细菌菌群 OTU 较高。但同一种植方式下,接种 *R. intraradices* 后大豆植株根系中细菌菌群 OTU 表现出不同的变化趋势,说明接种 *R. intraradices* 对正茬与迎茬种植的大豆植株根系中细菌菌群 OTU 的影响存在差异。

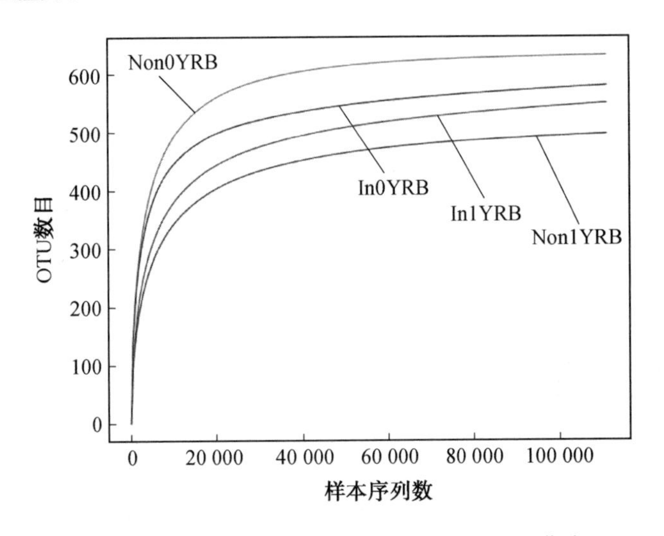

图 3.18　大豆植株根系样本细菌菌群稀释性曲线

(3)Shannon 指数曲线。

Shannon 指数可用于评价样本中细菌的多样性。由不同大豆植株根系样本中细菌菌群 Shannon 指数曲线(图 3.19)可知,正茬与迎茬种植的大豆植株根系中细菌多样性指数表现为正茬高于迎茬,说明大豆迎茬种植会使其根系中细菌多样性指数下降,这可能与迎茬种植的大豆植株根系根腐病发病率增高有关。同一种植方式下,接种 *R. intraradices* 后大豆植株根系中细菌菌群多样性指数均呈现下降趋势,尤其是迎茬种植的大豆植株根系中细菌菌群多样性指数下降更为明显,说明接种 *R. intraradices* 能够在一定程度上降低大豆植株根系中细菌多样性。

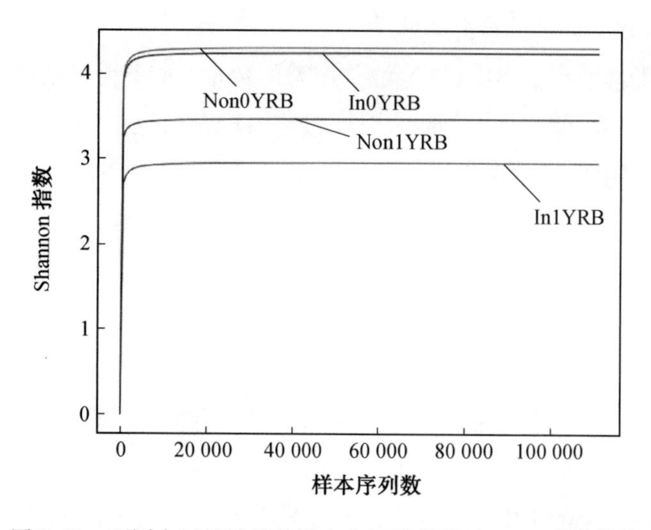

图 3.19　不同大豆植株根系样本中细菌菌群 Shannon 指数曲线

(4)等级丰度曲线。

由不同大豆植株根系样本中细菌菌群等级丰度曲线(图 3.20)可知,4 个大豆植株根系样本中物种丰富度与均匀度均符合测序要求,等级丰度曲线较宽且平缓,说明各样本的物种丰富度与均匀度均较高,细菌菌群种类与数量较为繁冗且复杂。正茬种植的大豆植株根系样本等级丰度曲线在横轴上范围相对较大,说明正茬种植的大豆植株根系细菌菌群的丰富度与均匀度较高。但同一种植方式下,接种 *R. intraradices* 后大豆植株根系中细菌菌群相对丰度曲线表现出不同的变化趋势,说明接种 *R. intraradices* 对正茬与迎茬种植的大豆植株根系中细菌菌群丰度和均匀度的影响存在差异。

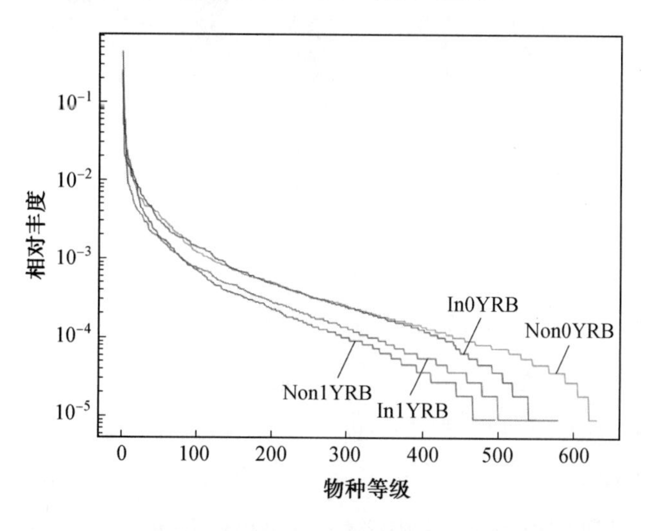

图 3.20　不同大豆植株根系样本中细菌菌群等级丰度曲线

(5)大豆植株根系细菌菌群分布柱状图。

依据各细菌类群的相对丰度,确定细菌序列的数量。4 个大豆植株根系样本中最丰富的细菌门为变形菌门(Proteobacteria)、拟杆菌门(Bacteroidetes)、放线菌门(Actinobacteria)、厚壁菌门(Firmicutes)、Patescibacteria、芽单胞菌门(Gemmatimonadetes)、酸杆菌门(Acidobacteria)、浮霉菌门(Planctomycetes)、硝化螺旋菌门(Nitrospirae)和绿弯菌门(Chloroflexi)。如大豆根系样本细菌菌群在门分类水平上的分布情况(图 3.21)所示,在所有根系样本中,Proteobacteria 是最具优势的细菌门,占相对丰度的60.24%以上,4 个根系样本中其他优势细菌门间存在显著差异。根系样本中各细菌门的相对丰度受大豆种植方式和 *R. intraradices* 影响显著。Firmicutes (17.84%)和 Bacteroidetes(14.00%)分别为 Non0YRB 样本中的第 2 和第 3 优势细菌门;Bacteroidetes 和 Actinobacteria 分别为 In0YRB、Non1YRB 和 In1YRB 样本中的第 2 或第 3 优势细菌门,但其相对丰度差异显著。Bacteroidetes 的相对丰度从 In1YRB 样本中的5.25%增加到 In0YRB 样本中的 11.74%;Actinobacteria 的相对丰度从 In0YRB 样本中的 3.67%增加到 In1YRB 样本中的 9.34%。

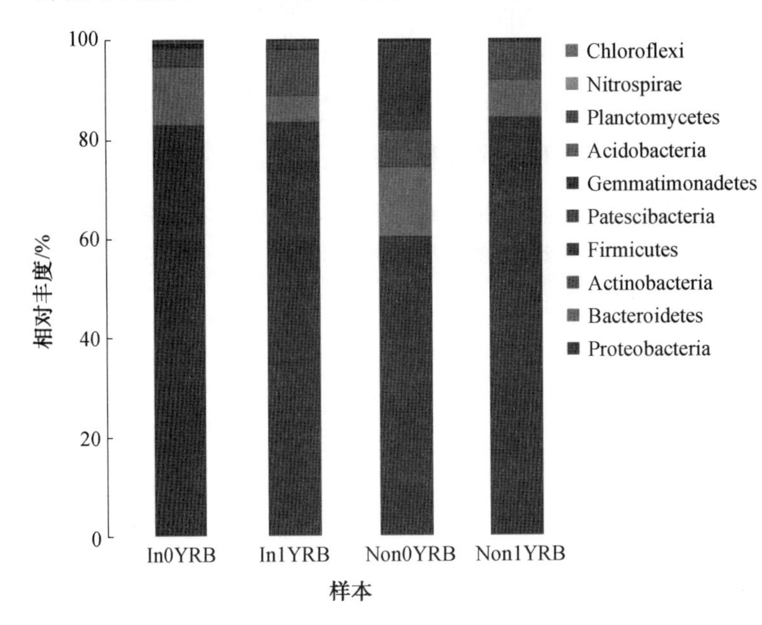

图 3.21　大豆根系样本细菌菌群在门分类水平上的分布情况(彩图见附录)

由大豆根系样本细菌菌群在属分类水平上的分布情况(图 3.22)可知,Non0YRB 样本的优势细菌属依次为慢生根瘤菌属(*Bradyrhizobium*)、剑菌属(*Ensifer*)、uncultured_bacterium_f_Muribaculaceae、Lachnospiraceae_NK4A136_group 和脱硫弧菌属(*Desulfovibrio*),其相对丰度分别为17.00%、12.66%、6.70%、5.33%和 5.15%。接种 *R. intraradices* 后,In0YRB 样本中 *Bradyrhizobium* 的相对丰度高于 Non0YRB 样本。在 In0YRB 样本中,优势细菌属依次为 *Bradyrhizobium*(23.58%)、新鞘脂菌属

(*Novosphingobium*)(9.39%)、*Ensifer*(5.30%)、uncultured_bacterium_f_Burkholderiaceae (5.12%)和 *Pseudorhodoferax*(3.97%),共占其细菌丰度的 47.36%。在 Non1YRB 和 In1YRB 样本中,最优势细菌属为 *Bradyrhizobium* 和 *Ensifer*,其相对丰度也存在显著差异。Non1YRB 样本中 *Bradyrhizobium* 的相对丰度为26.19%,远高于 In1YRB 样本中 *Bradyrhizobium* 的相对丰度(18.41%)。*Ensifer* 在 In1YRB 样本中的相对丰度上升至 43.67%,而在 Non1YRB 样本中的相对丰度则下降至 16.89%。此外,除 In1YRB 样本(*Ensifer* 为优势细菌属)外,所有样本中 *Bradyrhizobium* 的相对丰度均较高。在 In1YRB 样本中,*Ensifer* 的相对丰度是 In0YRB 样本的 8.24 倍。

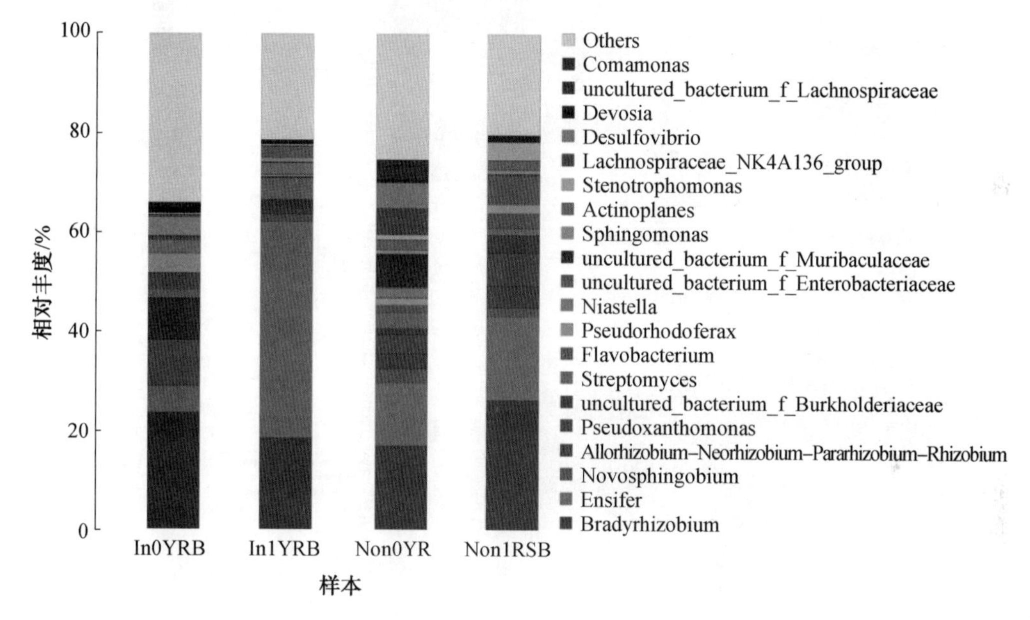

图 3.22　大豆根系样本细菌菌群在属分类水平上的分布情况(彩图见附录)

(6)大豆植株根系细菌菌群物种丰度聚类热图。

根据细菌属水平的物种丰度聚类热图(图 3.23),将 4 个根系样本划分为 3 个类群:即 In0YRB 和 In1YRB 聚为一类;Non0YRB 和 Non1YRB 各自为一个类群。结果表明,In0YRB 和 In1YRB 样本间的细菌菌群组成相似,*R. intraradices* 与种植方式均对大豆根际土壤样本中优势细菌属及其相对丰度影响显著。

(7)UPGMA 分析。

由不同大豆植株根系样本中细菌菌群 UPGMA 聚类树(图 3.24)可知,4 个不同大豆植株根系样本细菌菌群可分为 3 个类群,In0YRB 和 In1YRB 聚为一类,说明接种 *R. intraradices*后正茬与迎茬种植的大豆植株根系样本细菌菌群相似程度较高,证明 *R. intraradices*对正茬与迎茬种植的大豆植株根系样本细菌菌群组成影响显著。Non0YRB 和 Non1YRB 各自为一个类群,说明大豆种植方式对大豆根系细菌菌群组成影响较大。

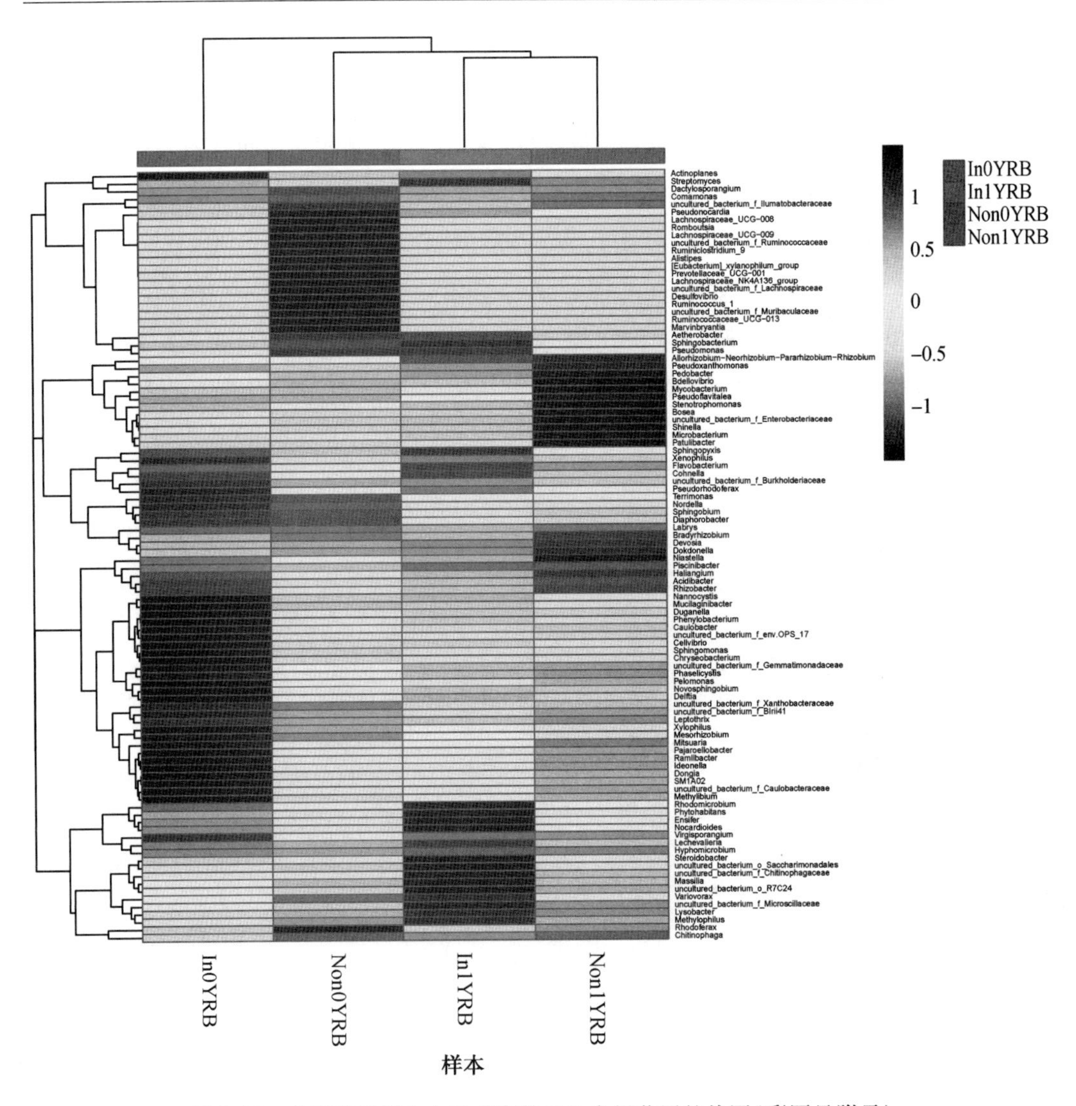

图 3.23　大豆根系样本中最丰富的 100 个细菌属的热图(彩图见附录)

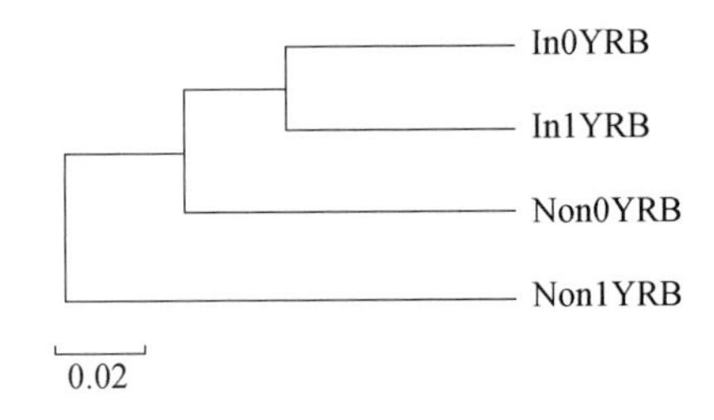

图 3.24　不同大豆植株根系样本中细菌菌群 UPGMA 聚类树

3.3.8　大豆植株根系真菌菌群组成分析

(1)大豆植株根系真菌多样性分析。

从 4 个根系样本中共获得 930 788 条序列,每个样本平均获得 232 697 个高质量真菌序列,序列在 97% 的相似性水平上共聚集成 1 104 个 OTU。由大豆植株根系样本中真菌多样性指数(表 3.17)可知,4 个 DNA 文库的 Good 覆盖率均大于 0.999。4 个根系样本的 Chao1 指数范围为 543.43 ~ 595.86,Shannon 指数的变化范围为 4.291 0 ~ 4.794 8。此外,在 Non1YRF 样本中,真菌菌群的 Simpson 指数最低,Ace 指数则最高。结果表明,正茬种植的大豆根系真菌多样性水平低于迎茬种植的大豆根系真菌多样性水平,且接种 *R. intraradices* 可降低大豆根系真菌多样性。

表 3.17　大豆植株根系样本中真菌多样性指数

样本 ID	OTU	Ace	Chao1	Simpson	Shannon	Coverage
Non0YRF	537±10[b]	544.35±12.82[b]	551.15±18.35[b]	0.027 1±0.001 7[b]	4.674 9±0.089 0[a]	0.999 7±0.000 1[a]
In0YRF	579±7[a]	500.65±17.55[c]	543.43±55.57[b]	0.050 1±0.007 9[a]	4.291 0±0.051 3[b]	0.999 7±0.000 1[a]
Non1YRF	564±86[a]	588.18±5.64[a]	595.86±12.28[a]	0.022 5±0.005 2[d]	4.794 8±0.197 5[a]	0.999 7±0.000 1[a]
In1YRF	493±18[c]	571.07±87.10[a]	586.95±74.99[a]	0.025 7±0.005 2[c]	4.734 6±0.141 0[a]	0.999 7±0.000 1[a]

注:Non 代表不接种 *R. intraradices*;In 代表接种 *R. intraradices*;0Y 和 1Y 分别代表正茬和迎茬种植;RF 代表根系真菌;末位数字代表 3 个生物学重复;不同字母表示不同处理方式差异显著($P < 0.05$)。

由大豆植株根系样本真菌多样性 VENN 图(图 3.25)可知,VENN 图能够清晰地反映 4 个大豆根系样本中真菌 OTU 的分布情况。与多样性分析结果相似,4 个根系样本间共享 OTU 的数量存在较大差异。

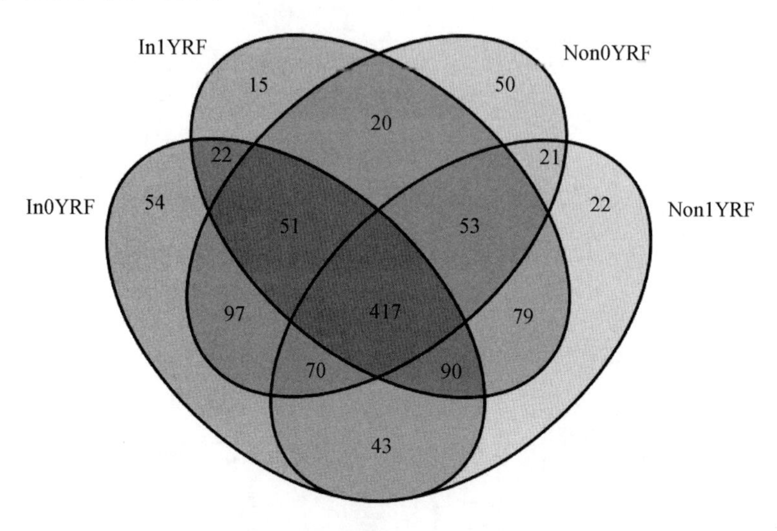

图 3.25　大豆植株根系样本真菌多样性 VENN 图

(2)稀释性曲线。

由大豆植株根系样本真菌菌群稀释性曲线(图3.26)可知,4个大豆植株根系样本稀释性曲线随着DNA序列数的增加逐渐趋向平坦,表明其测序数据量已经达到要求,该样本测序深度相对较高。Non1YRF样本中真菌菌群OTU数量最多,其次为In0YRF样本、In1YRF样本,而Non0YRF样本的OTU数量最少,表明各大豆植株根系样本中真菌菌群组成受*R. intraradices*和大豆种植方式的影响较大。

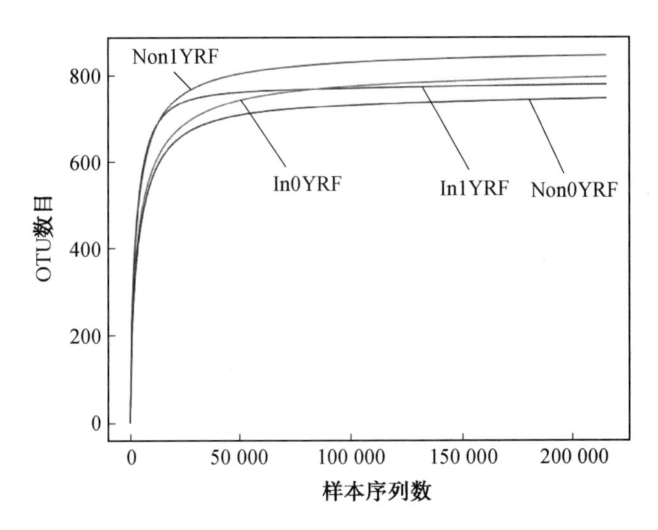

图3.26 大豆植株根系样本真菌菌群稀释性曲线

(3)Shannon指数曲线。

由不同大豆植株根系样本中真菌菌群Shannon指数曲线(图3.27)可知,迎茬种植的大豆植株根系中真菌多样性指数高于正茬种植的大豆植株根系中真菌多样性指数,这可

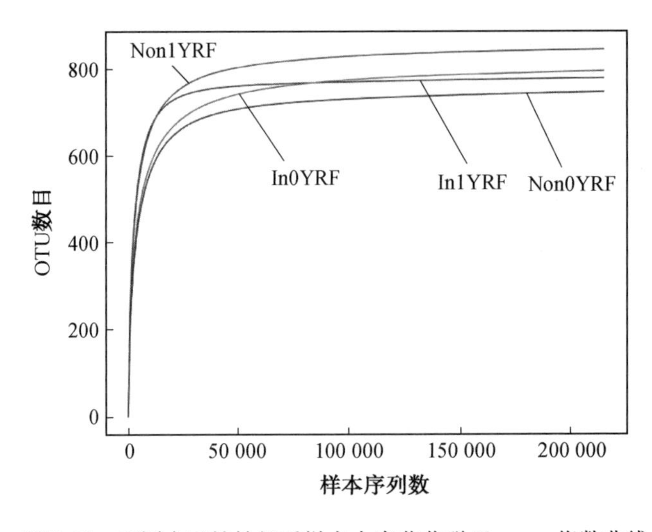

图3.27 不同大豆植株根系样本中真菌菌群Shannon指数曲线

能与迎茬种植的大豆植株根系根腐病发病率高有关。同一种植方式下，接种 *R. intraradices*后大豆植株根系中真菌菌群多样性指数均呈现上升趋势，说明接种 *R. intraradices*能够在一定程度上提高大豆植株根系中真菌多样性。

(4)等级丰度曲线。

由不同大豆植株根系样本中真菌菌群等级丰度曲线(图3.28)可知，Non1YRF样本的等级丰度曲线在横轴上的范围最大，Non0YRF样本的等级丰度曲线在横轴上的范围最小，说明Non1YRF样本物种丰度最高，Non0YRF样本的物种丰度最低，这一研究结果与大豆植株根系真菌菌群丰度指数Ace和Chao 1分析结果一致，进一步表明 *R. intraradices* 和大豆种植方式对大豆植株根系真菌多样性影响较大。

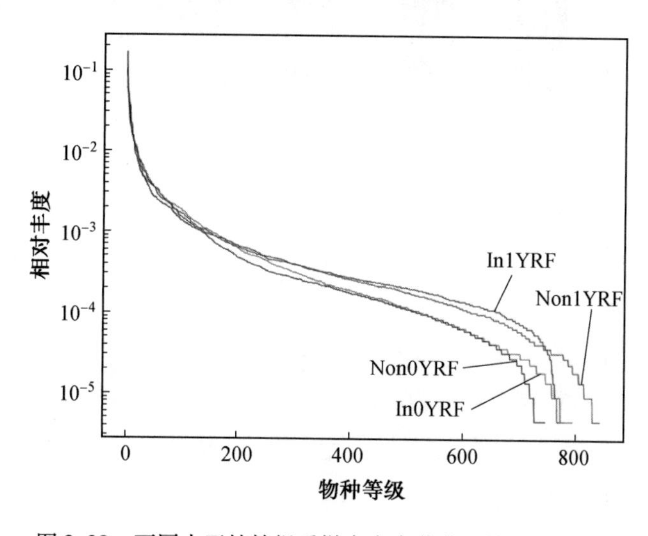

图3.28　不同大豆植株根系样本中真菌菌群等级丰度曲线

(5)大豆植株根系真菌菌群分布柱状图。

由大豆根系样本真菌菌群在门分类水平上的分布情况(图3.29)可知，共鉴定到9个真菌门，其中子囊菌门(Ascomycota)为4个根系样本中最具优势真菌门。Ascomycota的相对丰度占4个样本相对丰度总量的55.91%以上。担子菌门(Basidiomycota)是4个根系样本中的第2优势真菌门。值得注意的是，迎茬种植大豆植株根系中Basidiomycota的相对丰度显著低于正茬种植的大豆植株根系中Basidiomycota的相对丰度。除In0YRF样本外，被孢霉门(Mortierellomycota)和球囊菌门(Glomeromycota)分别是其他样本中的第3和第4优势真菌门；Glomeromycota和Mortierellomycota分别为In0YRF样本中的第3和第4优势真菌门。此结果再次证明，*R. intraradices* 和大豆种植方式对大豆植株根系真菌菌群组成影响较大。

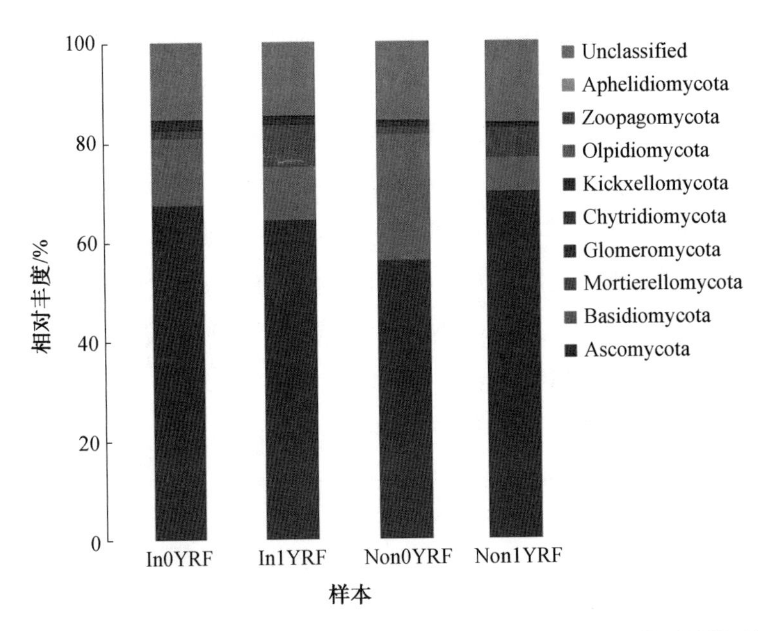

图 3.29　大豆根系样本真菌菌群在门分类水平上的分布情况(彩图见附录)

大豆根系样本真菌菌群在属分类水平上的分布情况(图 3.30)可知,Non1YRF 样本中的优势真菌属为镰孢霉属(*Fusarium*,9.91%)、瓣囊腔菌属(*Plectosphaerella*,9.22%)、小被孢霉属(*Mortierella*,5.44%)、*Fusicolla* (2.58%)、青霉属(*Penicillium*,2.51%)、土赤壳属(*Ilyonectria*,2.21%)、腐质霉属(*Humicola*,2.11%),占真菌总丰度的 33.98%。如图 3.30 所示,Non1YRF 样本中 *Fusarium* 的相对丰度高于其他 3 个样样本。此外,在 Non1YRF 样本中还检测到 *Holocotylon*(1.83%)、*Cladosporium*(0.73%)、*Preussia*(0.73%)、*Chaetomium* (0.56%)、*Aspergillus*(0.38%)、*Lectera*(0.38%)、*Tetracladium*(0.32%)、*Didymella*(0.29%)、*Colletotrichum*(0.22%)和 *Metacordyceps*(0.02%)。然而,在 In1YRF 样本中未检测到 *Metacordyceps*。4 个大豆植株根系样本中的优势真菌属存在显著差异。Non0YRF,Non1YRF,In0YRF 和 In1YRF 样本的优势真菌属分别为 *Tausonia*(20.10%)、*Fusarium* (9.91%)、*Plectosphaerella*(11.06%)和 *Chaetomium*(7.01%)。在 In0YRF 和 Non1YRF 样本中,*Chaetomium* 和 *Tausonia* 的相对丰度显著下降,分别维持在 0.28% 和 1.69% 左右,表明接种 *R. intraradices* 和大豆种植方式对大豆植株根系真菌菌群组成有显著影响。

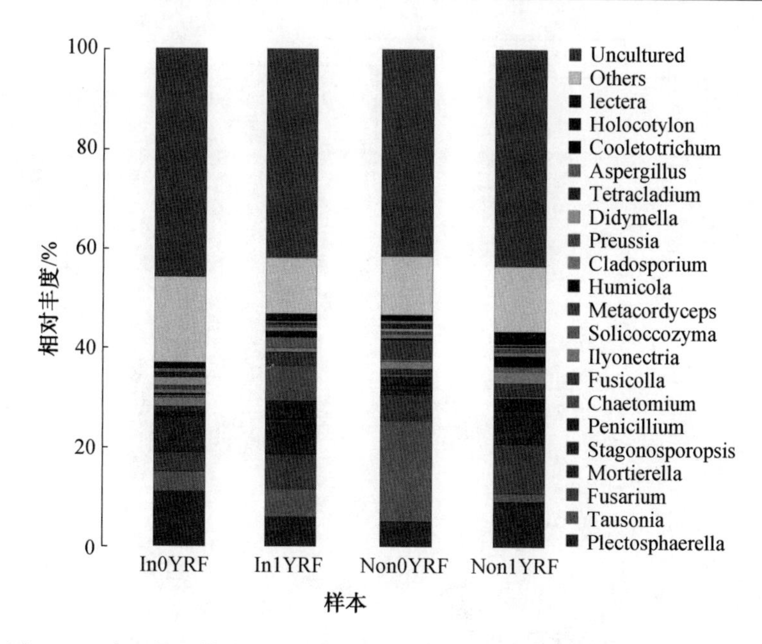

图 3.30　大豆根系样本真菌菌群在属分类水平上的分布情况(彩图见附录)

(6)大豆植株根系真菌菌群物种丰度聚类热图。

根据大豆根系样本中最丰富的 100 个真菌属的热图(图 3.31)可知,将 4 个根系样本分为两个聚类:Non0YRF 和 In0YRF 聚为一类;Non1YRF 和 In1YRF 聚类在一起,说明两个聚在一类的样本中真菌菌群组成相似。此结果与属分类水平上的真菌菌群分布柱状图分析结果基本一致。此外,本研究结果进一步表明,接种 *R. intraradices* 和大豆种植方式对大豆植株根系真菌菌群组成均具有显著影响。

(7)UPGMA 分析。

由不同大豆植株根系样本中真菌菌群 UPGMA 聚类树(图 3.32)可知,4 个大豆植株根系样本真菌菌群组成存在较大差异,其细菌菌群共可分为两个类群。正茬和迎茬种植的大豆植株根系样本真菌菌群各处于一分支中,表明其真菌菌群组成具有高度相似性,相较于 *R. intraradices* 对大豆植株根系样本细菌菌群组成的影响,大豆植株根系样本细菌菌群组成更易受大豆种植方式的影响。

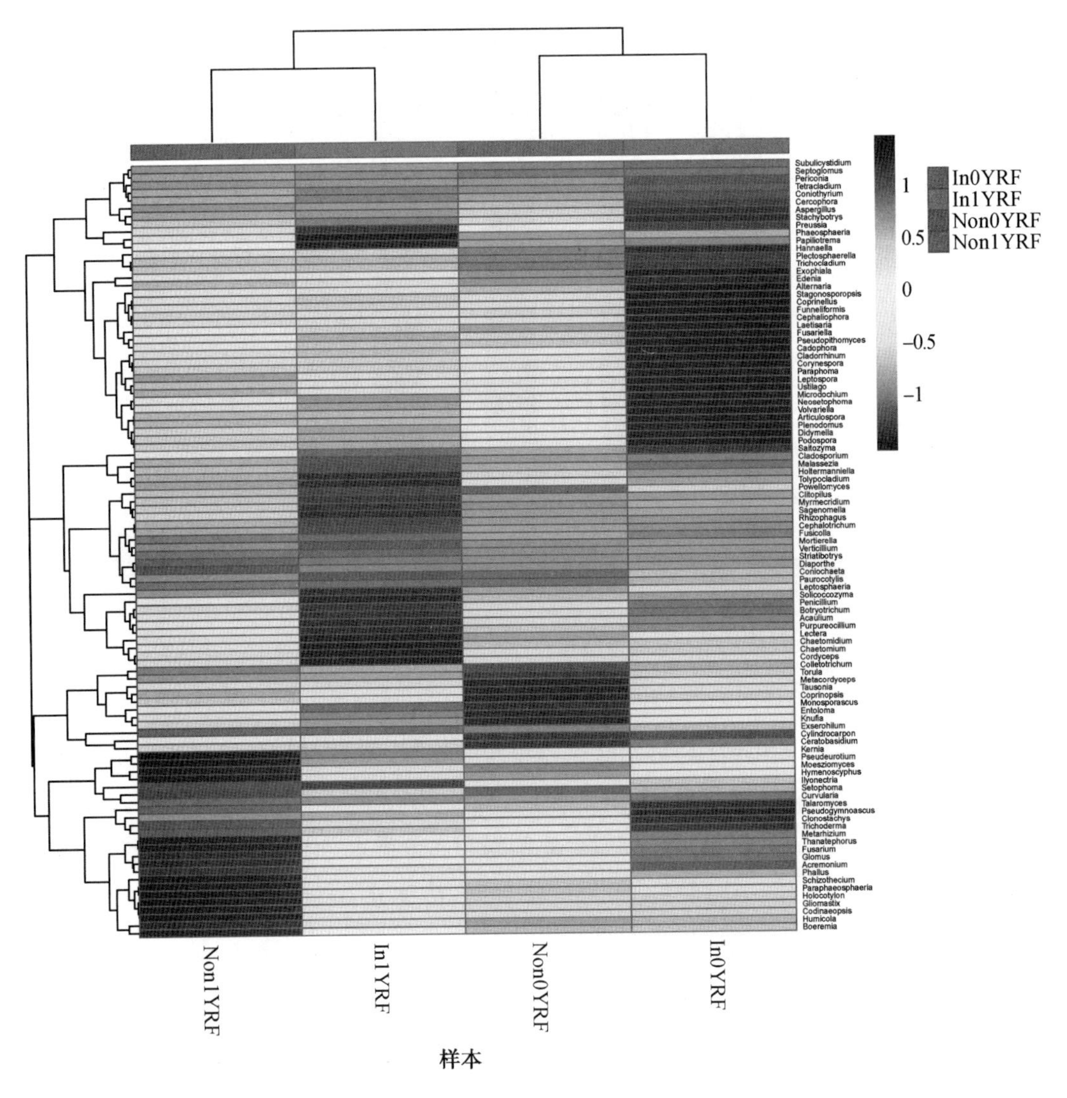

图 3.31　大豆根系样本中最丰富的 100 个真菌属的热图(彩图见附录)

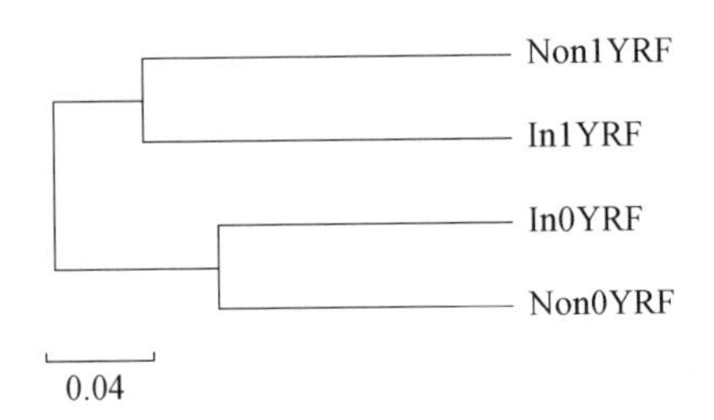

图 3.32　不同大豆植株根系样本中真菌菌群 UPGMA 聚类树

3.4　讨论与结论

植物根系中的有益微生物通过攻击病原体促进植物防御基因的表达，触发诱导系统抗性。然而，这种触发反应是由不同微生物的刺激引起的。大量研究表明，AM 真菌可以增强植物对各种病原微生物的抗性。在形成菌根共生体的早期阶段，植物的防御反应受到调节，以促进 AM 真菌在植物根上定殖，从而使局部或整个植物作出免疫反应。在菌根化过程中诱导植物防御在增强菌根抗性方面起着重要作用。某些有益微生物的定殖或感染会启动植物的特定生理活动，诱导植物表现出更强的防御反应。当 AM 真菌定植于植物根部时，寄主植物内部发生形态变化，如细胞壁木质化，以对生物形成保护作用。菌根定殖不仅有利于植物吸收养分，而且有利于植物抵抗各种非生物胁迫和土壤病原微生物。AM 真菌在植物根部定殖可以，提高植物对病原微生物的抗性。AM 真菌的应用为作物病害防治提供了新思维和方法。

本章探讨了 *R. intraradices* 与大豆种植方式对大田大豆植株 AM 真菌侵染率、大豆根腐病病情指数、AM 真菌孢子密度、大豆植株生物量、大豆植株根系及根际土壤微生物菌群组成等的影响。研究表明，在大田试验条件下，*R. intraradices* 能够显著提高大豆植株 AM 真菌侵染率、AM 真菌孢子密度、大豆植株生物量，并显著降低大豆根腐病病情指数，影响大豆植株根系及根际土壤微生物菌群组成，有利于缓解大豆迎茬障碍。AM 真菌通过促进磷和其他营养素的吸收来促进植物生长。AM 真菌种类及其对寄主的特异作用促进了土壤中胞外和胞内菌丝、菌根和孢子的形成。此外，接种 *R. intraradices* 后植株的株高、茎粗、根鲜重与干重、茎鲜重与干重、大豆百粒重、单株种子产量和单株荚数均有所增加，这是接种 *R. intraradices* 后大豆植株根系对营养物质吸收能力增强的结果。AM 真菌在土壤中应用的可行性取决于多种因素，包括生境生态位、物种相容性以及与本地真菌的竞争等。然而，关于不同种植条件下 *R. intraradices* 对菌根定殖和大豆植株生长的影响研究较少。本研究结果表明，接种 *R. intraradices* 对菌根定殖和大豆植株生长均有显著影响。此外，迎茬种植显著增加了大豆植株根系 AM 真菌侵染率。

Artursson 等研究认为，AM 真菌的有益作用可能是由于它们与根际微生物的相互作用而产生。微生物间相互作用涉及 AM 真菌和促进植物生长的根际微生物的作用，以及 AM 真菌和根际土著微生物群落相互作用，可在一定程度上促进植物生长。本研究结果表明，*R. intraradices* 不仅显著提高了大豆殖株根系的菌根定植和大豆植株的生物量，而且改变了大豆植株根系及根际土壤微生物菌群组成。不同种植方式下接种和未接种 *R. intraradices* 的大豆植株根系及根际土壤微生物菌群组成存在显著差异。这可能是由于根际微生物对不同试验方式下根际分泌物的响应不同所致。作物迎茬种植降低了植物凋落物的丰度和多样性，从而降低了土壤微生物的多样性。此外，大豆迎茬种植显著降低了接种和未接种 *R. intraradices* 大豆植株根系及根际土壤细菌的丰富度和多样性。在迎茬种植条件下，大豆植株根系及根际土壤中部分细菌和真菌的相对丰度发生了显著变化。虽然不同试验方式间存在差异，但变形菌门是所有试验组中最占优势的细菌门，子囊菌门和担子菌门分别为第 1 和第 2 优势真菌门。高通量测序技术可以检测到细菌和真菌菌群中的许多次级成员，其中很多是现有数据库中没有显示的。本章研究鉴定了许多未分类的微生物门（属）。大豆植株根系及根际土壤中未被分类鉴定的细菌和真菌将有助于有益微生物的开发与利用。本章研究结果表明，接种 *R. intraradices* 可以改变迎茬种植的大豆植株根系及根际土壤中微生物菌群组成，显著提高大豆植株的生物量、AM 真菌侵染率、AM 真菌孢子密度，并显著降低大豆根腐病病情指数，有助于分离和鉴定迎茬种植的大豆根际土壤中有益微生物，并为其应用研究奠定基础。

第4章　根内根孢囊霉与溶磷细菌对大豆生物量的影响

4.1　概　述

磷是植物生长所需的三大营养元素之一，我国约有74%的耕地土壤存在缺磷情况，因此绝大多数农作物采用施磷肥的方式缓解土壤磷缺乏问题。然而，施入土壤中的磷肥大部分被化学固定，利用率较低，并且可导致土壤物理结构被破坏、肥力下降、水土污染等一系列严重问题。土壤中存在多种溶磷微生物，它们能够将土壤中难以被植物直接吸收的磷转化为易被吸收的形态，促进植物吸收磷素，并可促进植物对其他营养元素的吸收与利用，进而改善土壤结构，增强农作物的抗病能力并提高其产量。

土地的肥沃程度会影响大豆的生物量，黑龙江省农田土壤缺磷情况较严重，溶磷菌可将土壤中难溶性磷转化为可溶性磷，增强作物对磷的吸收利用，从而促进作物分泌生长激素并抑制病原菌生长。然而，自然土壤中溶磷微生物数量有限，且作用效果较差。目前，虽然市面上有很多溶磷微生物菌剂，但大多是由单一菌株制成的，价格较高且应用效果参差不齐。为获得更高的经济效益，并改善土壤生态环境，研发一种高效的溶磷菌肥，对未来的绿色农业生产具有重大意义。

AM真菌侵染植物根系后，会向其周围土壤中释放大量碳，激发溶磷菌的活性。溶磷菌可以加速对土壤中有机磷的矿化，土壤中有效磷含量较高时，溶磷菌能够刺激AM真菌菌丝的蔓延，与此同时，溶磷菌受AM真菌刺激后能够加速溶解土壤中难溶性磷酸盐；当土壤中有效磷含量较低时，二者对磷会产生竞争，但溶磷菌活性并不受AM真菌的影响。此外，AM真菌通过所分泌的果糖调节其蛋白分泌，刺激了细菌中磷酸酶基因的表达，并提升磷酸酶释放到生长介质中的速率，使溶磷菌可以快速将有效的磷化合物进行溶解，再由AM真菌吸收并转运到寄主植物中，进而促进植物生长。

本章通过从迎茬种植大豆植株根际土壤中分离出溶磷细菌，对其进行形态学、生理生化及分子生物学鉴定，并对其溶磷特性进行分析。将 *R. intraradices* 与分离获得的溶磷能力最强的细菌以不同处理方式进行盆栽大豆接种试验，探讨 *R. intraradices* 与溶磷细菌对大豆植株AM真菌侵染率、大豆根腐病病情指数、AM真菌孢子密度、大豆生物量等的影响，为AM真菌与溶磷细菌复合菌剂的研制及应用提供理论依据。

4.2 材料与方法

4.2.1 试验所用培养基

(1)蒙金娜有机磷培养基。

葡萄糖 10 g,硫酸亚铁 0.03 g,硫酸锰 0.03 g,卵磷脂 0.2 g,氯化钠 0.3 g,氯化钾 0.3 g,硫酸铵 0.5g,碳酸钙 3.0 g,琼脂 20 g,水 1 L。pH 为 7.2 ~ 7.4,121 ℃灭菌 20 min。

(2)蒙金娜无机磷培养基。

葡萄糖 10 g,硫酸亚铁 0.03 g,硫酸锰 0.03 g,硫酸镁 0.3 g,氯化钠 0.3 g,氯化钾 0.3 g,硫酸铵 0.5 g,磷酸钙 3.0 g,酵母粉 0.4 g,琼脂 20 g,水 1 L。pH 为 7.2 ~ 7.4,121 ℃灭菌 20 min。

(3)LB 培养基。

胰蛋白胨 10.0 g,氯化钠 10.0 g,酵母浸粉 5.0 g,水 1 L。pH 为 7.0 ~ 7.2,121 ℃灭菌 20 min。

(4)NBRIP 液体培养基。

葡萄糖 10.0 g,磷酸钙 5.0 g,硫酸镁 0.25 g,氯化钾 0.2 g,硫酸铵 0.1 g,水 1 L。pH 为 7.0 ~ 7.2,121 ℃灭菌 20 min。

4.2.2 溶磷细菌的分离

采集 2.2.2 节的迎茬种植的大豆田大豆植株根际土壤,用于分离、筛选溶磷细菌。取样时去除表层 5 cm 土壤,取根际土壤,装于密封袋中,4 ℃储藏,备用。

取 1 g 上述大豆植株根际土壤,置于含有 90 mL 无菌水的三角瓶内,置于28 ℃的恒温振荡器中,170 r/min 振荡 20 min,静止 10 min,选取土壤悬液进行梯度稀释。选择不同的梯度稀释液,分别取 0.1 mL 置于无机磷蒙金娜固体培养基及有机磷蒙金娜固体培养基上进行涂布,28 ℃培养 3 ~ 5 d。选取菌落周围有明显透明溶磷圈的单一菌落分别进行三区划线,进一步纯化。将纯化后的细菌接入 LB 斜面培养基中,28 ℃环境中培养 24 h,保存备用。

4.2.3 溶磷细菌的鉴定

(1)形态学鉴定。

将上述分离得到的细菌接种至无机磷蒙金娜固体培养基及有机磷蒙金娜固体培养基中,28 ℃倒置培养,观察菌落生长情况。观察细菌单菌落的黏稠度、颜色、形状、大小、菌落的边缘是否完整等菌落表面特征,并进行革兰氏染色。

(2)生理生化鉴定。

根据《伯杰氏细菌鉴定手册》与《常见细菌系统鉴定手册》分别对分离获得的菌株进行生理生化鉴定,每项检测均重复 3 次。

(3)分子生物学鉴定。

将上述筛选获得的菌株接种到 LB 液体培养基中,28 ℃培养 24 h,取细菌培养液 1 mL,12 000 r/min 离心 5 min,弃上清液。利用细菌基因组提取试剂盒(MOBIO)菌株的细菌基因组 DNA。

采用引物 27F(GAGAGTTTGATCCTGGCTCAG)和 1492R(TACGGCTACCTTGTTACGAC),扩增细菌 16S rDNA,扩增片段大小约为 1 600 bp。PCR 扩增反应体系见表 4.1。

表 4.1　PCR 扩增反应体系

体系组分	体积
5 ×FastPfu Buffer	4.0 μL
2.5 mmol/L dNTPs	2.0 μL
5.0 μmol/L 引物 27F	0.8 μL
5.0 μmol/L 引物 1492R	0.8 μL
FastPfu Polymerase	0.4 μL
模板 DNA	10.0 ng/μL
补无菌双蒸水至	20.0 μL

PCR 扩增条件为:98 ℃预变性 5 min;98 ℃变性 30 s,55 ℃退火 30 s,72 ℃延伸 45 s,35 个循环;72 ℃继续延伸 5 min,10 ℃保存。

利用 1.0% 琼脂糖凝胶电泳检测 PCR 扩增产物。将阳性克隆 PCR 扩增产物与 pGM-T 载体进行连接,转化 *E. coli* DH5α。使用蓝白斑筛选的方法,随机选取 LB 转化平板上的白色单菌,并验证连接转化试验获得的阳性克隆结果,将阳性克隆菌液送往哈尔滨擎科生物有限公司测序。将测序获得的 16S rDNA 序列提交至 GenBank 数据库,利用 NCBI 的 BLASTN 程序对测序获得的 16S rDNA 序列进行同源性比对,得到相关细菌种属的序列信息,使用 MEGA 7.0 软件对其进行系统发育分析。

4.2.4　溶磷细菌溶磷特性的测定

(1)固体培养条件下溶磷能力测定。

采用溶磷圈法将上述筛选出的溶磷细菌点接于蒙金娜有机磷固体培养基中,重复 3 次,28 ℃环境培养 5d,测定其菌落直径(d)及溶磷圈直径(D),计算溶磷圈直径与菌落直径之比,依据其比值(D/d)大小初步判定各菌株溶磷能力,筛选出溶磷能力最强的溶磷细菌,在液体培养条件下进行溶磷能力测定。

(2)磷标准曲线的绘制。

将磷酸二氢钾置于80 ℃烘箱烘干3 h,称量0.219 6 g,加入蒸馏水定容至1 L容量瓶中,此时溶液质量浓度为50 mg/L。从中取50 mL定容至500 mL容量瓶中,此时溶液质量浓度为5 mg/L。分别取0 mg/L、0.2 mg/L、0.4 mg/L、0.6 mg/L、0.8 mg/L、1.2 mg/L、1.4 mg/L浓度磷标准液,在700 nm处测定吸光值,绘制标准曲线。

(3)不同磷源对溶磷量的影响。

向250 mL三角瓶中加入125 mL不同难溶性磷源的NBRIP液体培养基,不同难溶性磷源是以相同质量的植酸钙、磷酸铝、磷酸铁、卵磷脂替代NBRIP培养基中的磷酸钙,121 ℃灭菌20 min。将上述分离与筛选获得的溶磷能力最强的溶磷细菌接种于LB液体培养基中培养24 h,5 000 r/min离心收集菌体,制成菌液浓度为1.0×10^{8}个/mL的菌悬液,按1.0%接种量接种于上述液体培养基中,对照组不接种菌液,以相同量的无菌水代替,每个处理组进行3个重复。28 ℃、170 r/min振荡培养144 h,每隔24 h取样检测1次。取样后将培养液置于12 000 r/min离心10 min,取上清液,采用钼锑抗比色法计算上清液中水溶性磷含量。

(4)不同pH对溶磷量的影响。

以1 mol/L NaOH和HCl为酸碱调节剂,将NBRIP液体培养基pH分别调至4.0、5.0、6.0、7.0、8.0、9.0,121 ℃灭菌20 min。将上述分离与筛选获得的溶磷能力最强的溶磷细菌按1.0%接种量接种于上述不同pH的NBRIP液体培养基中,对照组不接种菌液,以相同量的无菌水代替,每个处理组进行3个重复。28 ℃、170 r/min振荡培养144 h,每隔24 h取样检测一次。取样后将培养液置于12 000 r/min离心10 min,取上清液,采用钼锑抗比色法计算上清液中水溶性磷含量。

4.2.5 盆栽试验

(1)试验材料。

大豆品种、AM真菌:同2.2.6。

溶磷细菌:由上述试验分离与筛选获得的溶磷能力最强的细菌。

(2)试验设计。

大豆播种日期为2021年5月20日,收获日期为2021年10月25日。试验在黑龙江东方学院微生物学实验室进行,温度为(23±1) ℃,日光照周期为8 h,湿度为50%±5%。试验采用随机区组设计,共设置8个处理方式:①自然土壤条件下接种*R. intraradices*菌剂,RN;②自然土壤条件下接种溶磷细菌菌剂,PN;③自然土壤条件下接种*R. intraradices*

菌剂和溶磷细菌菌剂,RPN;④自然土壤条件下不接种任何菌剂,作为对照组,CkN;⑤灭菌土壤条件下接种 *R. intraradices* 菌剂,RM;⑥灭菌土壤条件下接种溶磷细菌菌剂,PM;⑦灭菌土壤条件下接种 *R. intraradices* 菌剂和溶磷细菌菌剂,RPM;⑧灭菌土壤条件下不接种任何菌剂,作为对照组,CkM。每盆装土量为 12 kg,每个处理设置 5 个生物学重复。

土壤灭菌条件:121 ℃灭菌 2 h,间隔 24 h 后同样条件下再灭菌 1 次。

大豆种子在 75% 乙醇中进行表面消毒 5 min,然后用无菌蒸馏水冲洗至少 10 次,将消毒后的大豆种子播种于盆中(每盆播种 6 株,出芽后留苗 3 株),定期浇水。

R. intraradices 菌剂接种及大豆播种方式:将 *R. intraradices* 菌剂(每盆施用 6 g)均匀铺满表层土,在菌剂上方均匀地铺 1 ~ 2 cm 的土壤,然后将大豆种子均匀地撒在土层上方,最后在大豆种子上方均匀地铺 1 ~ 2 cm 的土壤。

溶磷细菌菌剂制备及接种方式:将纯化后的溶磷细菌接种于 LB 液体培养基中,28 ℃、170 r/min 振荡培养 24 h,3 500 r/min 离心 5 min,收集菌体,用无菌水洗涤 2 次,用无菌水调节菌液浓度至 1.0×10^8 个/mL,即为溶磷细菌菌剂,备用。以灌根方式将溶磷细菌菌剂施入土壤,接种量为每粒大豆种子接种溶磷细菌菌剂 5 mL,对照组接种 5 mL 无菌水。

(3)样本采集。

方法同 2.2.2。

(4)AM 真菌侵染率测定。

方法同 2.2.6。

(5)大豆根腐病病情指数测定。

方法同 3.2.6。

(6)AM 真菌孢子密度测定。

方法同 2.2.4。

(7)大豆生物量测定。

方法同 2.2.6。

4.2.6　数据统计

方法同 2.2.7。

4.3 结果与分析

4.3.1 溶磷细菌的分离与鉴定

(1)溶磷细菌的分离及形态学鉴定。

经蒙金娜固体培养基初筛,挑取周围有透明溶磷圈的单一菌落(图4.1),通过多次三区划线进行复筛(图4.2),共筛选出8株溶磷细菌,分别命名为P-1、P-2、P-3、P-4、P-5、P-6、P-7及P-8。

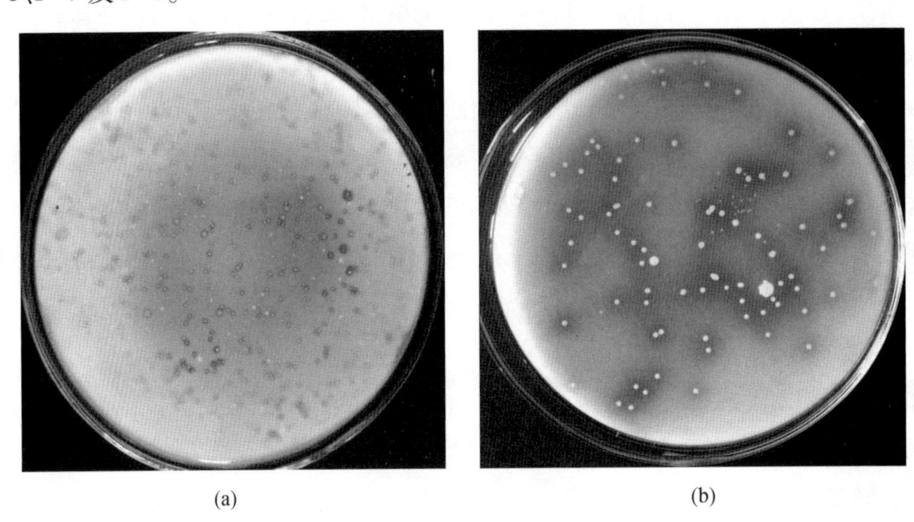

(a) (b)

图4.1 溶磷细菌初筛结果

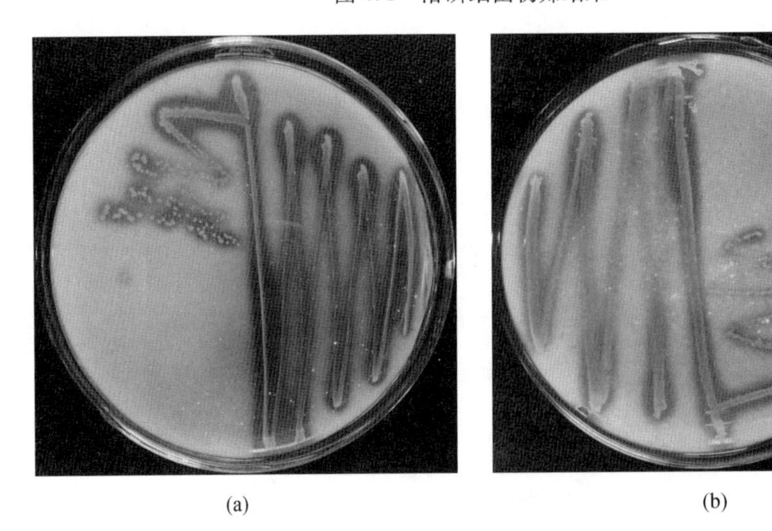

(a) (b)

图4.2 溶磷细菌复筛结果

上述8株细菌均可将培养基中的磷通过产酸产酶等方式进行水解,形成透明的水解圈,其菌落形态如图 4.3 和图 4.4 所示。P-1 菌落较大,呈白色,较干燥,边缘呈锯齿状,可溶解有机磷。P-2 菌落较小,呈黄色,不规则,边缘呈锯齿状,可溶解无机磷及有机磷。P-3 菌落较小,呈半透明白色,较干燥,不规则,可溶解无机磷及有机磷。P-4 菌落较小,呈红色规则圆形,较干燥,边缘圆整光滑,可溶解有机磷。P-5 菌落较小,呈白色,梭形,干燥,可溶解有机磷。P-6 菌落较大,呈白色圆形,较干燥,可溶解无机磷及有机磷。P-7 菌落较大,呈半透明白色,表面湿润,不规则,可溶解有机磷。P-8 菌落较大,呈半透明乳白色,质地黏稠,拉丝且湿润,边缘光滑整齐,可溶解有机磷。

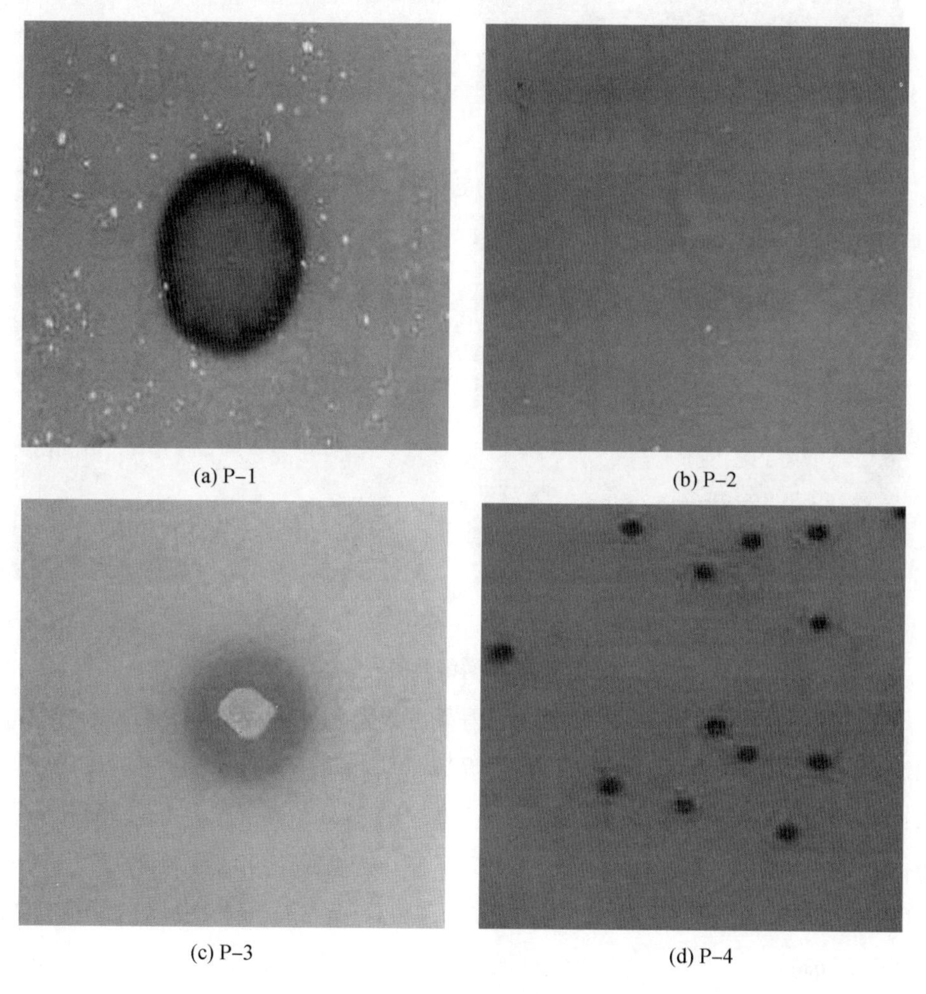

(a) P-1　(b) P-2　(c) P-3　(d) P-4

图 4.3　溶磷细菌菌落形态

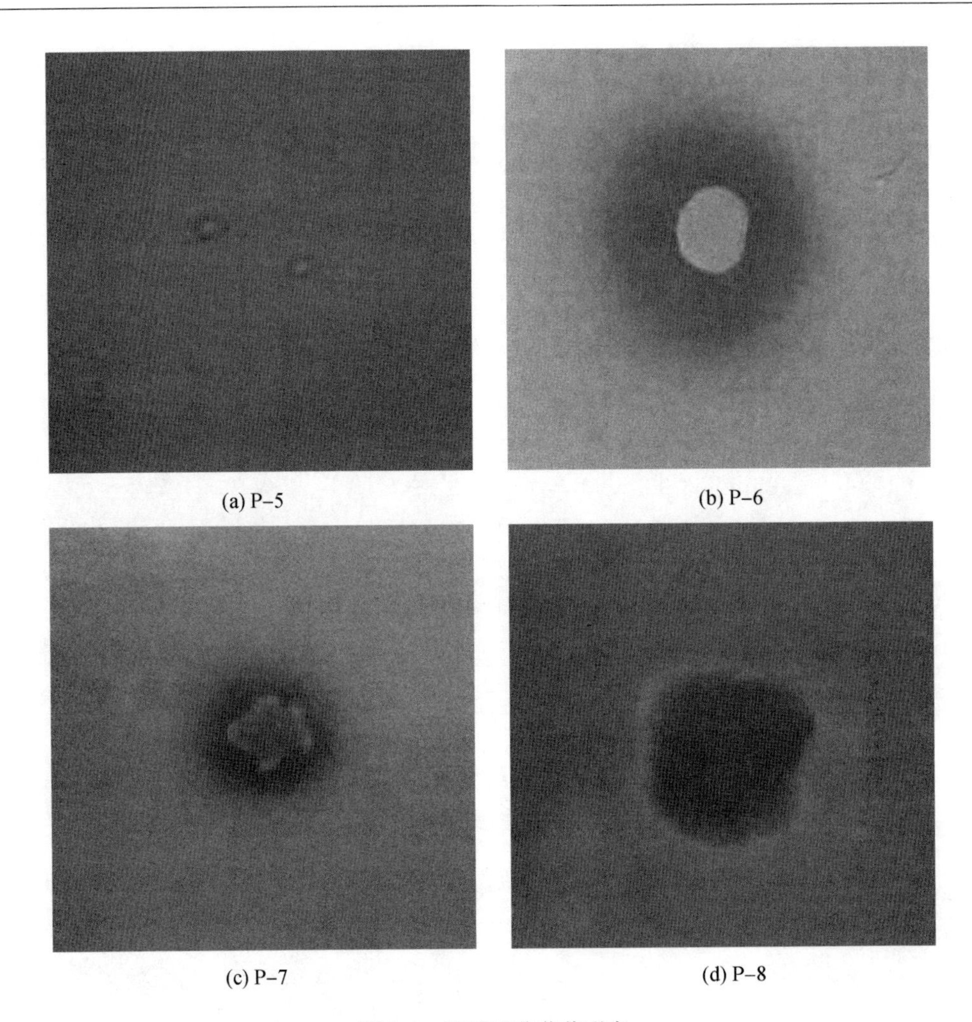

图 4.4　溶磷细菌菌落形态

P-1 至 P-8 经革兰氏染色后，溶磷细菌革兰氏染色结果如图 4.5 所示。经镜检及大小测定，革兰氏阳性菌株为：P-1[(1.2～1.7)μm×(3.0～4.9)μm]、P-4[(0.9～1.3)μm×(3.4～4.2)μm]、P-5[(2.1～2.5)μm×(3.0～3.9)μm]、P-7[(1.1～1.6)μm×(2.8～4.7)μm]、P-8[(1.1～1.4)μm×(2.3～4.2)μm]；革兰氏阴性菌株为：P-2[(1.0～1.3)μm×(1.6～2.4)μm]、P-3[(1.1～1.3)μm×(1.7～2.3)μm]、P-6[(1.0～1.2)μm×(1.5～2.2)μm]。

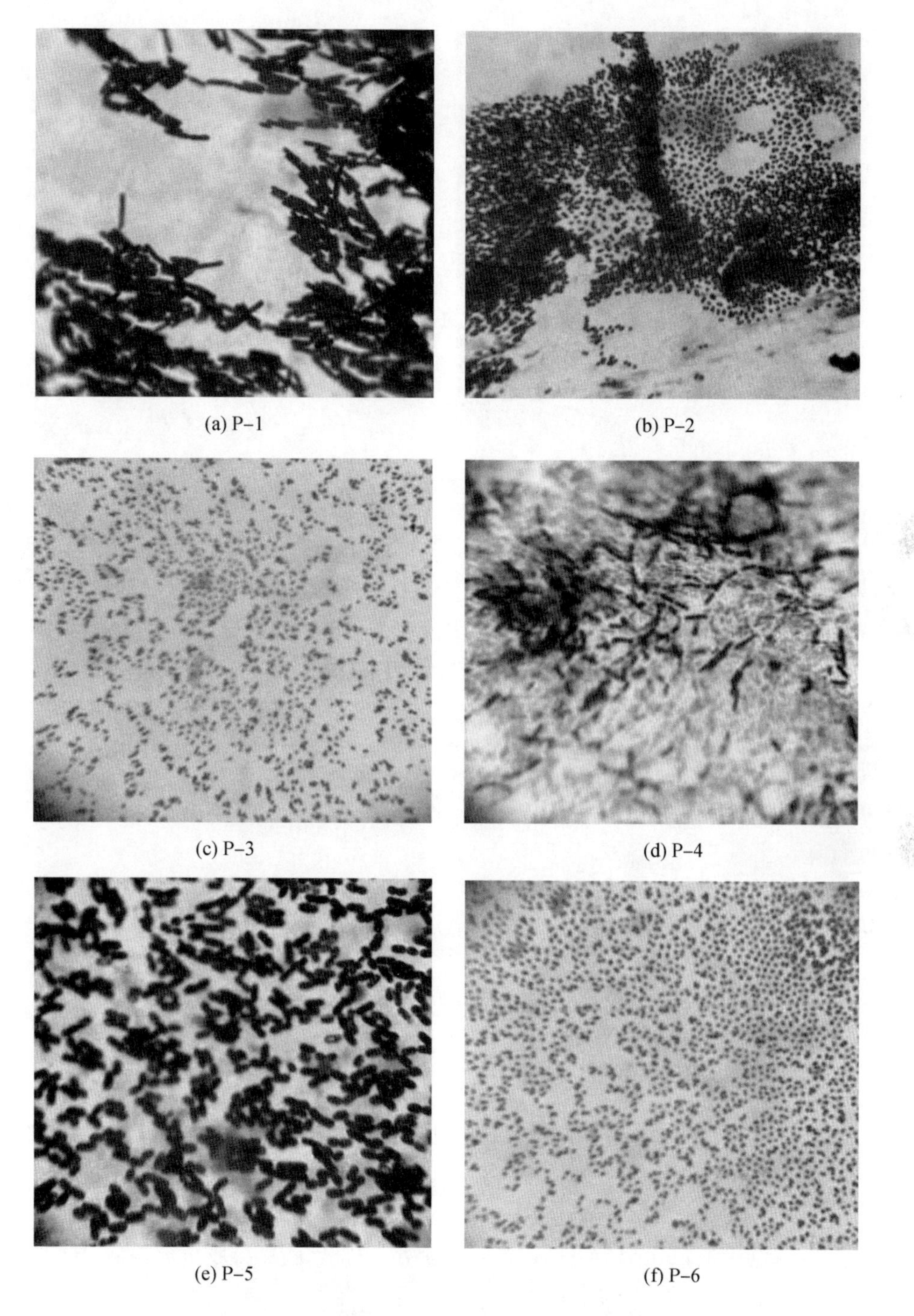

(a) P-1　(b) P-2　(c) P-3　(d) P-4　(e) P-5　(f) P-6

图4.5　溶磷细菌革兰氏染色结果(16×100)

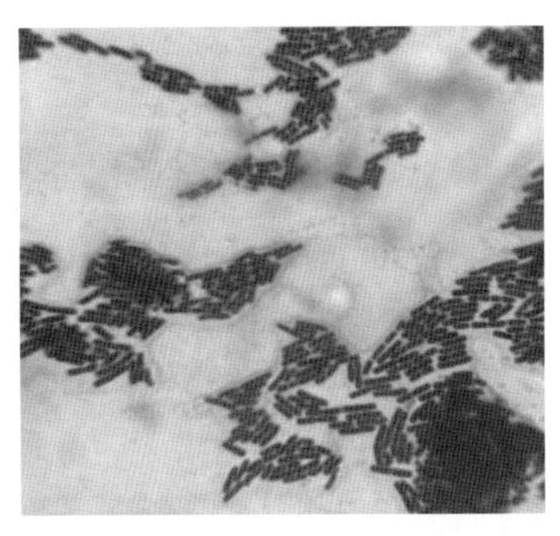
(g) P-7

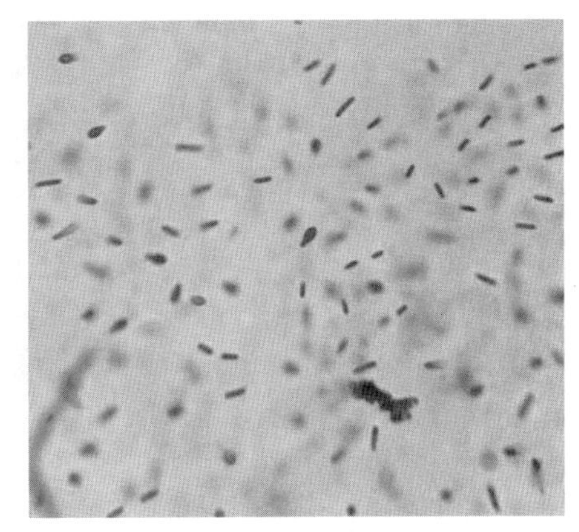
(h) P-8

续图 4.5

(2)溶磷细菌生理生化鉴定。

依据《伯杰氏细菌鉴定手册》和《常见细菌系统鉴定手册》对上述菌株进行生理生化鉴定，鉴定结果见表 4.2。

表 4.2　菌株生理生化特征

项目	P-1	P-2	P-3	P-4	P-5	P-6	P-7	P-8
甲基红试验	-	+	+	-	-	+	-	-
V-P 试验	-	+	+	-	-	+	-	+
吲哚试验	+	+	+	+	+	+	+	+
明胶液化试验	+	-	-	-	-	-	-	-
苯丙氨酸试验	-	-	-	-	-	-	-	-
柠檬酸盐试验	-	-	-	-	-	-	-	-
硫化氢试验	-	-	-	-	-	-	-	-
接触酶试验	-	+	+	-	+	+	-	-
淀粉水解试验	+	-	-	+	+	-	+	+

注:生理生化反应阳性用“+”表示;阴性用“-”表示。

(3)溶磷细菌分子生物学鉴定。

上述 8 株细菌的 16S rDNA PCR 扩增产物经 1.0% 琼脂糖凝胶电泳检测，DNA 条带大小约为 1 600 bp，条带大小正确且清晰(图略)，可进行测序。

将 P-1 至 P-8 菌株的 16S rDNA 测序结果分别提交至 GenBank 数据库，获得的 GenBank 登录号为 KF993572 ~ KF993579。为显示 P-1 至 P-8 菌株与 GenBank 数据库中已知菌株之间的亲缘关系及其系统地位，分别将 P-1 至 P-8 菌株的 16S rDNA 序列与 GenBank 数据库中的已知菌株序列进行比对，并获得同源性信息。

P-1 菌株测序序列与东洋芽孢杆菌(*Bacillus toyonensis*)序列相似性最高。P-2、P-3 及 P-6 菌株测序序列与醋酸钙不动杆菌(*Acinetobacter calcoaceticus*)序列相似性最高。P-4 菌株测序序列与苔原多米杆菌(*Domibacillus tundrae*)序列相似性最高。P-5 菌株测序序列与沙福芽孢杆菌(*Bacillus safensis*)序列相似性最高。P-7 菌株测序序列与苏云金杆菌(*Bacillus thuringiensis*)序列相似性最高。P-8 菌株测序序列与饲料类芽孢杆菌(*Paenibacillus pabuli*)的相似性最高。利用 MEGA 7.0 软件对上述 8 个菌株的 16S rDNA 序列与 GenBank 数据库中的已知近缘菌株序列构建系统发育进化树,采用 Neighbor-joining 法对其进行评价,结果如图 4.6 ~ 4.10 所示。

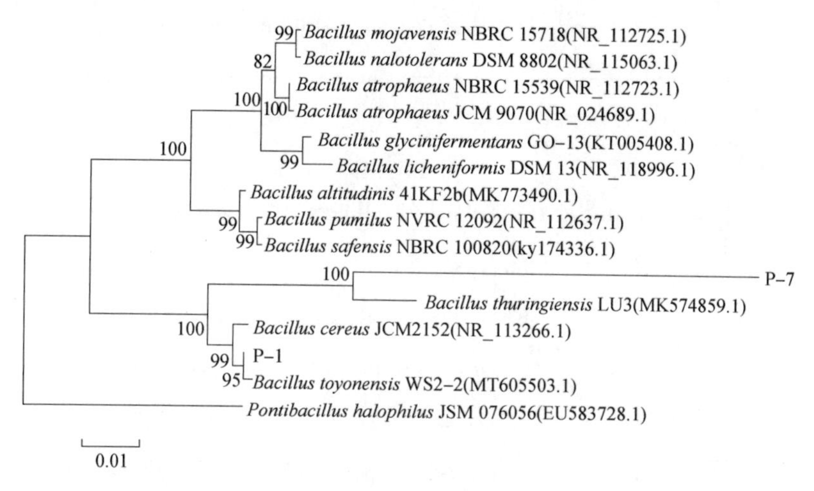

图 4.6　P-1 菌株和 P-7 菌株 16S rDNA 序列与其近缘菌株的系统发育进化树

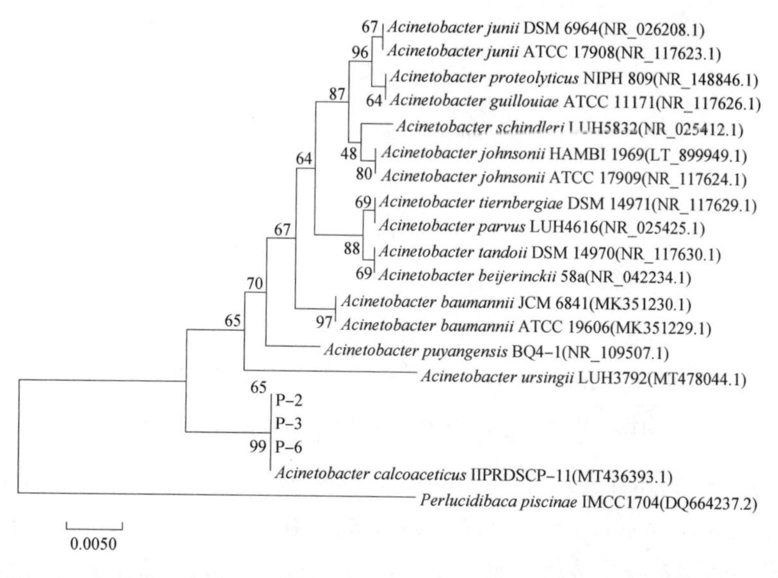

图 4.7　P-2、P-3 与 P-6 菌株 16S rDNA 序列与其近缘菌株的系统发育进化树

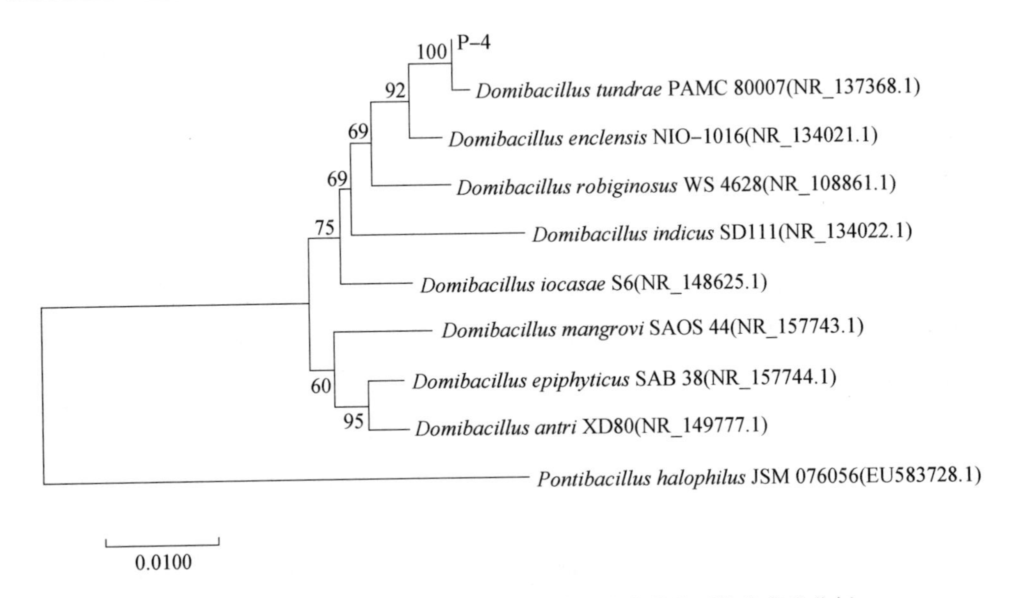

图 4.8　P-4 菌株 16S rDNA 序列与其近缘菌株的系统发育进化树

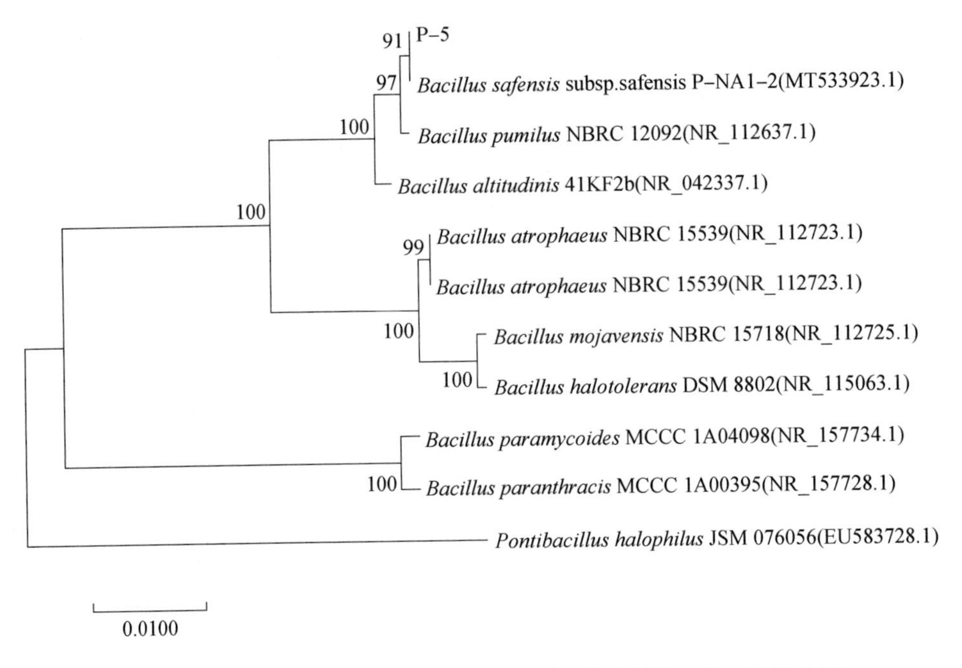

图 4.9　P-5 菌株 16S rDNA 序列与其近缘菌株的系统发育进化树

经菌株形态学、生理生化和分子生物学特征鉴定，本研究分离与筛选出的 8 株溶磷细菌分别鉴定为：P-1 为东洋芽孢杆菌（*Bacillus toyonensis*），P-2、P-3 及 P-6 为醋酸钙不动杆菌（*Acinetobacter calcoaceticus*），P-4 为苔原多米杆菌（*Domibacillus tundrae*），P-5 为沙福芽孢杆菌（*Bacillus safensis*），P-7 为苏云金杆菌（*Bacillus thuringiensis*），P-8 为饲料类芽孢杆菌（*Paenibacillus pabuli*）。

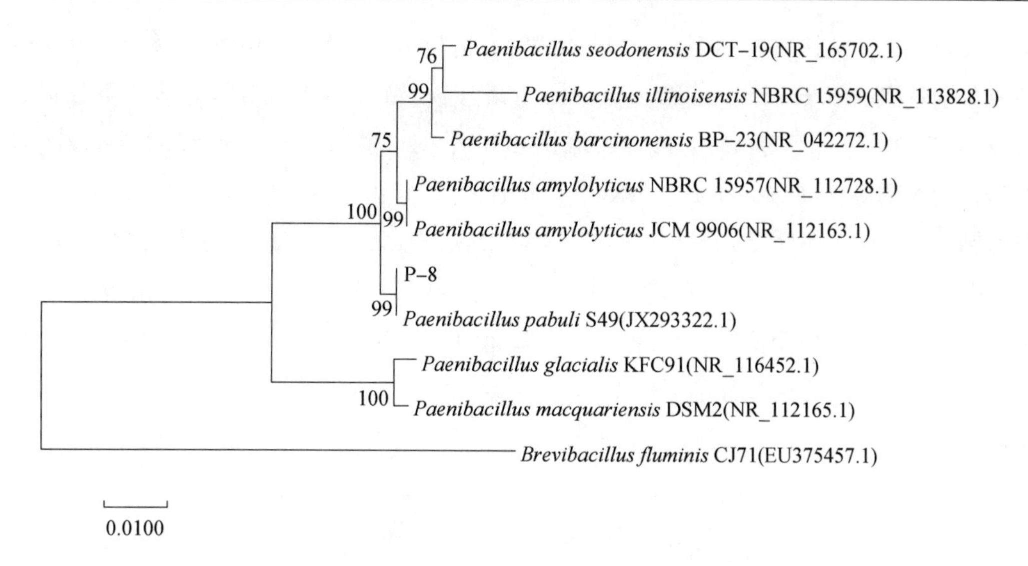

图4.10　P-8 菌株 16S rDNA 序列与其近缘菌株的系统发育进化树

4.3.2　溶磷细菌溶磷特性分析

(1)固体培养条件下溶磷能力分析。

本研究将上述分离与筛选出 8 株溶磷细菌在蒙金娜固体培养基上进行溶磷能力测定,菌落直径(d)、溶磷圈直径(D)以及溶磷圈直径与菌落直径之比(D/d)见表 4.3。

表 4.3　8 株细菌在固体培养条件下溶磷能力测定结果

菌株	菌落直径 d/cm	溶磷圈直径 D/cm	D/d
P-1	0.92 ± 0.18^{a}	1.73 ± 0.13^{c}	1.88 ± 0.16^{c}
P-2	0.69 ± 0.12^{c}	1.92 ± 0.14^{a}	2.77 ± 0.18^{a}
P-3	0.80 ± 0.15^{b}	1.78 ± 0.16^{b}	2.23 ± 0.20^{b}
P-4	0.73 ± 0.09^{bc}	0.93 ± 0.08^{d}	1.27 ± 0.17^{d}
P-5	0.95 ± 0.20^{a}	1.84 ± 0.12^{b}	1.94 ± 0.13^{c}
P-6	0.76 ± 0.13^{b}	1.67 ± 0.16^{c}	2.19 ± 0.08^{b}
P-7	0.93 ± 0.08^{a}	1.68 ± 0.19^{c}	1.81 ± 0.12^{c}
P-8	0.92 ± 0.11^{a}	1.70 ± 0.13^{c}	1.85 ± 0.13^{c}

注:字母表示不同处理方式差异显著($P<0.05$)。

由表 4.3 可知,通过溶磷圈法可以初步判定 P-2 菌株在固体培养条件下溶磷能力最强,其溶磷圈直径(D)与菌落直径(d)比值约为 2.77,挑选该菌株在其他液体培养条件下进行溶磷能力测定。

(2)溶磷细菌在不同磷源下的溶磷量分析。

P-2 菌株在不同磷源中的溶磷量变化如图 4.11 所示,在一定时间范围内培养液中的溶磷量差异显著。P-2 菌株对磷酸钙的溶磷能力最强,植酸钙次之,磷酸铁、磷酸铝和卵磷脂较差。P-2 菌株培养 24 h 后，在以磷酸钙和植酸钙为磷源的 NBRIP 液体培养基中溶磷量分别达到 196. 6 mg/L 和 88. 8 mg/L，对磷酸铁、磷酸铝和卵磷脂的溶磷量分别为 20. 2 mg/L、19. 0 mg/L 和 15. 2 mg/L。培养 48 h 后，对磷酸钙的溶磷量为 264. 6 mg/L，对植酸钙的溶磷量达到 96. 4 mg/L。培养 72 h 后，对磷酸钙的溶磷量达到 273. 2 mg/L，对植酸钙的溶磷量略有降低，为 95. 4 mg/L，对磷酸铁和磷酸铝的溶磷量分别为 31. 4 mg/L 和 26. 5 mg/L。培养 96 h 后，对磷酸钙的溶磷量达到 279. 9 mg/L，对植酸钙、磷酸铁与磷酸铝的溶解量都有所降低，分别为 81. 4 mg/L、20. 0 mg/L、20. 7 mg/L。培养 144 h 后，对磷酸钙和植酸钙的溶磷量分别下降为 196. 1 mg/L 和 82. 4 mg/L，对磷酸铝和卵磷脂的溶磷能力均较弱。

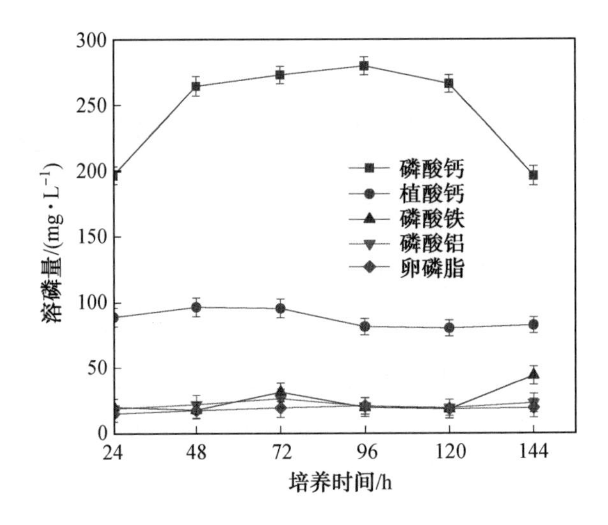

图 4. 11　P-2 菌株在不同磷源中的溶磷量

(3)溶磷细菌在不同 pH 下的溶磷量分析。

P-2 菌株对磷酸钙的溶磷能力受 pH 变化影响较为明显(图 4. 12)。在初始 pH 为 6. 0、8. 0 和 9. 0 时，P-2 菌株对磷酸钙的溶磷能力显著高于 pH 为 4. 0、5. 0 和 7. 0 时对磷酸钙的溶磷能力。培养 48 h 后，pH 为 6. 0、8. 0 和 9. 0 的培养基中溶磷量分别达到 269. 2 mg/L、273. 9 mg/L 和 282. 5 mg/L，随着培养时间的增加，溶磷能力趋于稳定。培养 96 h 后，pH 为 4. 0 和 5. 0 的培养基中溶磷量降低至 107. 4 mg/L 和 153. 8 mg/L。培养 120 h 后，pH 为 6. 0 ~ 9. 0 的培养基中溶磷量达到峰值，分别为 271. 9 mg/L、256. 7 mg/L、274. 2 mg/L 和 284. 4 mg/L。然而，培养 144 h 后，不同 pH 培养基中的溶磷量均呈现明显的降低趋势。

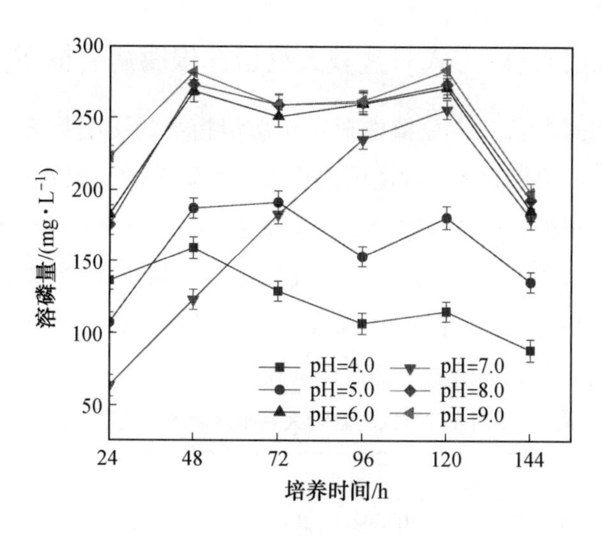

图4.12　P-2菌株在不同pH时的溶磷量

4.3.3　不同试验处理方式对盆栽大豆植株AM真菌侵染率的影响

利用碱解离-酸性品红染色法检测不同试验处理方式对盆栽大豆植株AM真菌侵染率的影响。由表4.4可知,不同试验处理方式下,各时期大豆植株根系AM真菌侵染率变化显著。接种*R. intraradices*菌剂和溶磷细菌菌剂均能够显著提高各时期大豆植株根系AM真菌侵染率,尤其是混合接种菌剂的大豆植株根系AM真菌侵染率更高,表明溶磷细菌可以促进AM真菌对大豆植株根系的侵染,并可辅助*R. intraradices*进一步增强AM真菌对大豆植株根系的侵染。

表4.4　大豆植株根系AM真菌侵染率　　%

处理方式	30 d	60 d	90 d	120 d
RN	11.52±1.29[b]	36.05±1.59[b]	60.81±2.17[b]	88.46±2.30[b]
PN	6.73±0.86[e]	16.85±1.41[e]	36.27±1.95[e]	51.98±1.73[e]
RPN	13.67±1.32[a]	40.15±1.62[a]	66.22±1.38[a]	94.56±2.57[a]
CkN	4.98±0.35[f]	10.26±1.29[f]	23.49±1.21[f]	29.72±1.21[f]
RM	9.37±0.56[d]	28.26±1.38[d]	47.63±1.62[d]	75.38±2.06[d]
RPM	10.39±0.87[c]	33.27±1.63[c]	52.68±1.84[c]	80.75±1.95[c]

注:字母表示不同处理方式差异显著($P<0.05$)。

4.3.4 不同试验处理方式对盆栽大豆植株根腐病病情指数的影响

不同试验处理方式对盆栽大豆植株根腐病病情指数的影响见表4.5。由表4.5可知,接种*R. intraradices*菌剂和溶磷细菌菌剂均可显著降低大豆根腐病病情指数,尤其是混合接种菌剂的大豆根腐病病情指数最低。此外,接种*R. intraradices*菌剂后大豆根腐病病情指数略低于接种溶磷细菌菌剂的大豆根腐病病情指数,表明溶磷细菌不仅能够显著降低大豆根腐病病情指数,而且可与*R. intraradices*协同降低大豆根腐病病情指数,从而有效地缓解大豆根腐病对大豆植株根部造成的损伤。

表4.5 不同处理方式对盆栽大豆根腐病病情指数的影响

处理方式	30 d	60 d	90 d	120 d
RN	0.27 ± 0.02^{bc}	0.69 ± 0.04^{c}	1.45 ± 0.15^{b}	1.69 ± 0.18^{c}
PN	0.30 ± 0.02^{b}	0.73 ± 0.04^{b}	1.48 ± 0.14^{b}	1.73 ± 0.19^{b}
RPN	0.23 ± 0.02^{c}	0.60 ± 0.03^{d}	1.33 ± 0.12^{c}	1.53 ± 0.15^{d}
CkN	0.42 ± 0.03^{a}	1.21 ± 0.06^{a}	2.26 ± 0.15^{a}	2.68 ± 0.16^{a}

注:字母表示不同处理方式差异显著($P<0.05$)。

4.3.5 不同试验处理方式对盆栽大豆根际土壤AM真菌孢子密度的影响

在大豆出苗后150 d,测定不同处理方式下盆栽大豆根际土壤AM真菌孢子密度,结果见表4.6。由表4.6可知,接种*R. intraradices*菌剂和溶磷细菌菌剂均可显著提高自然土壤条件下盆栽大豆根际土壤中AM真菌孢子密度,尤其是混合接种菌剂的土壤AM真菌孢子密度最高,表明溶磷细菌有助于提高土壤中AM真菌孢子密度。此外,灭菌土壤条件下混合接种菌剂的土壤中AM真菌孢子密度高于仅接种*R. intraradices*菌剂的土壤的AM真菌孢子密度,进一步表明溶磷细菌有助于提高土壤中AM真菌孢子密度。

表4.6 不同处理方式下盆栽大豆根际土壤AM真菌孢子密度 个/g

处理方式	AMF孢子密度
RN	20.8 ± 0.6^{b}
PN	10.3 ± 0.4^{c}
RPN	23.4 ± 0.7^{a}
CkN	7.9 ± 0.4^{e}
RM	7.6 ± 0.3^{e}
RPM	8.5 ± 0.4^{d}

注:字母表示不同处理方式差异显著($P<0.05$)。

4.3.6　不同处理方式对盆栽大豆植株生物量的影响

(1)不同处理方式对盆栽大豆植株地上部分鲜重的影响。

通过对不同处理方式下盆栽大豆植株出苗后 30 d、60 d、90 d 及 120 d 地上部分鲜重的分析(表 4.7)可知,接种 *R. intraradices* 和溶磷细菌菌剂均能够显著提高各时期大豆植株地上部分鲜重,尤其是混合接种菌剂的大豆植株地上部分鲜重最高,表明溶磷细菌不仅可以提高各时期大豆植株地上部分鲜重,也可辅助 *R. intraradices* 提高各时期大豆植株地上部分鲜重。由表 4.7 可知,相同处理方式下,灭菌土壤中大豆植株地上部分鲜重均低于自然土壤中大豆植株地上部分鲜重,表明土壤中有益微生物间的相互作用在一定程度上有助于大豆植株的生长。此外,灭菌土壤接种菌剂后,大豆植株地上部分鲜重均高于自然土壤中未接种任何菌剂的大豆植株地上部分鲜重,进一步表明 *R. intraradices* 菌剂和溶磷细菌可在土壤中有效定殖并显著提高大豆植株地上部分鲜重。

表 4.7　不同处理方式对盆栽大豆植株地上部分鲜重的影响　　g

处理方式	30 d	60 d	90 d	120 d
RN	$7.40±0.81^{b}$	$57.88±0.89^{b}$	$88.23±1.06^{b}$	$100.85±1.17^{b}$
PN	$7.31±0.78^{c}$	$56.62±0.92^{c}$	$85.36±1.13^{c}$	$96.71±1.25^{c}$
RPN	$7.86±0.89^{a}$	$59.13±0.92^{a}$	$91.03±1.19^{a}$	$104.68±1.31^{a}$
CkN	$6.47±0.52^{e}$	$51.72±0.64^{e}$	$75.91±0.93^{e}$	$86.21±1.05^{e}$
RM	$7.22±0.86^{cd}$	$55.37±0.90^{cd}$	$81.25±1.12^{cd}$	$93.97±1.22^{cd}$
PM	$7.15±0.78^{d}$	$53.85±0.76^{d}$	$78.53±1.09^{d}$	$90.03±1.16^{d}$
RPM	$7.29±0.67^{c}$	$56.23±0.75^{c}$	$83.32±1.08^{c}$	$95.06±1.19^{c}$
CkM	$5.98±0.64^{f}$	$48.77±0.58^{f}$	$72.03±1.52^{f}$	$80.63±1.27^{f}$

注:字母表示不同处理方式差异显著($P < 0.05$)。

(2)不同处理方式对盆栽大豆植株地上部分干重的影响。

由表 4.8 可知,不同处理方式对盆栽大豆植株地上部分干重的影响具有一定的差异,此结果与不同处理方式对盆栽大豆植株地上部分鲜重的影响相似。接种 *R. intraradices* 菌剂和溶磷细菌菌剂均能够显著提高各时期大豆植株地上部分干重,且混合接种菌剂的大豆植株地上部分干重最高。相同处理条件下,自然土壤中大豆植株地上部分干重均高于灭菌土壤中大豆植株地上部分干重,这一结果进一步表明土壤中有益微生物间的相互作用对大豆植株的生长有利。灭菌土壤接种菌剂后,大豆植株地上部分干重均高于自然土壤中未接种任何菌剂的大豆植株地上部分干重,进一步表明本研究中所用菌剂可显著提高大豆植株地上部分干重。

表 4.8　不同处理方式对盆栽大豆植株地上部分干重的影响　　g

处理方式	30 d	60 d	90 d	120 d
RN	2.62±0.29[b]	13.79±0.72[b]	27.12±1.13[b]	29.85±1.19[b]
PN	2.51±0.27[c]	12.97±0.64[c]	25.78±1.02[c]	28.16±1.12[c]
RPN	2.88±0.31[a]	15.21±0.80[a]	29.25±1.27[a]	32.39±1.31[a]
CkN	2.31±0.20[d]	12.27±0.68[d]	22.93±0.48[d]	25.87±1.09[d]
RM	2.45±0.22[cd]	12.43±0.57[cd]	24.25±1.14[cd]	27.53±1.23[cd]
PM	2.39±0.17[d]	12.35±0.46[d]	23.79±1.27[d]	26.27±1.32[d]
RPM	2.49±0.15[c]	12.89±0.61[c]	25.33±1.36[c]	28.03±0.97[c]
CkM	2.18±0.17[e]	11.52±0.68[e]	21.93±0.81[e]	23.83±1.26[e]

注:字母表示不同处理方式差异显著($P < 0.05$)。

(3)不同处理方式对盆栽大豆植株地下部分鲜重的影响。

由表 4.9 可知,相同处理方式下,自然土壤中大豆植株地下部分鲜重均高于灭菌土壤中大豆植株地下部分鲜重,表明土壤中有益微生物间的相互作用在一定程度上有助于大豆植株根系的发育。由于灭菌土壤中没有根瘤菌等有益微生物,大豆植株根系无法形成根瘤,这在一定程度上也会降低大豆植株地下部分鲜重的增加。与未接种菌剂的处理组相比,接种 *R. intraradices* 菌剂和溶磷细菌菌剂后,大豆植株地下部分鲜重均显著增加,且接种 *R. intraradices* 菌剂的大豆植株地下部分鲜重增加更显著。此外,由表 4.9 还可知,混合接种菌剂的大豆植株地下部分鲜重最高,表明 *R. intraradices* 和溶磷细菌可协同作用促进大豆植株根系发育,从而有效地增加大豆植株地下部分鲜重。

表 4.9　不同处理方式对盆栽大豆植株地下部分鲜重的影响　　g

处理方式	30 d	60 d	90 d	120 d
RN	0.89±0.10[b]	6.95±0.58[b]	10.48±0.69[b]	14.92±0.93[b]
PN	0.81±0.07[c]	6.73±0.61[c]	10.17±0.62[c]	14.68±0.89[c]
RPN	0.95±0.13[a]	7.26±0.63[a]	11.56±0.84[a]	16.20±1.15[a]
CkN	0.62±0.09[d]	6.15±0.49[d]	8.85±0.73[d]	12.59±0.96[d]
RM	0.75±0.06[cd]	6.43±0.63[cd]	9.65±0.81[cd]	13.26±0.89[cd]
PM	0.70±0.07[d]	6.26±0.72[d]	9.32±0.87[d]	12.75±1.06[d]
RPM	0.79±0.08[c]	6.68±0.77[c]	10.02±0.76[c]	14.32±0.97[c]
CkM	0.59±0.05[e]	5.81±0.62[e]	8.63±0.80[e]	11.87±0.92[e]

注:字母表示不同处理方式差异显著($P < 0.05$)。

(4)不同处理方式对盆栽大豆植株地下部分干重的影响。

由表 4.10 可知,与大豆植株地下部分鲜重结果相似,不同处理方式对大豆植株地下部分干重的影响差异显著。相同处理方式下,自然土壤中大豆植株地下部分干重均高于灭菌土壤中大豆植株地下部分干重,表明土壤中有益微生物的存在有利于大豆植株地下部分物质积累。接种 *R. intraradices* 菌剂或溶磷细菌菌剂后,大豆植株地下部分干重均显著增加,且接种 *R. intraradices* 菌剂的大豆植株地下部分干重增加更显著。混合接种菌剂的大豆植株地下部分干重增加最显著,此结果进一步表明 *R. intraradices* 和溶磷细菌可协同作用促进大豆植株根系发育,从而促进大豆植株根系物质累积。

表 4.10　不同处理方式对盆栽大豆植株地下部分干重的影响　　g

处理方式	30 d	60 d	90 d	120 d
RN	0.33±0.05[b]	2.49±0.27[b]	3.41±0.51[b]	4.29±0.67[b]
PN	0.30±0.03[c]	2.41±0.19[c]	3.26±0.43[c]	4.03±0.58[c]
RPN	0.39±0.04[a]	2.68±0.32[a]	3.79±0.56[a]	4.87±0.72[a]
CkN	0.23±0.02[d]	2.25±0.21[d]	2.92±0.48[d]	3.51±0.60[d]
RM	0.26±0.03[cd]	2.30±0.21[cd]	3.08±0.31[cd]	3.78±0.47[cd]
PM	0.25±0.02[d]	2.29±0.26[d]	3.01±0.24[d]	3.65±0.62[d]
RPM	0.28±0.02[c]	2.37±0.23[c]	3.13±0.38[c]	3.99±0.52[c]
CkM	0.21±0.03[e]	2.16±0.28[e]	2.81±0.32[e]	3.32±0.53[e]

注:字母表示不同处理方式差异显著($P < 0.05$)。

(5)不同处理方式对盆栽大豆植株株高的影响。

由表 4.11 可知,虽然大豆植株出苗后 30 d,不同试验处理方式对大豆植株株高的影响差异不显著,但随着大豆生长时间的增长,不同试验处理方式对大豆植株株高的影响差异显著。相同处理方式下,自然土壤中盆栽大豆植株株高均高于灭菌土壤中盆栽大豆植株株高,表明自然土壤中的益微生物有利于盆栽大豆植株增长。在自然土壤和灭菌土壤中,接种 *R. intraradices* 菌剂或溶磷细菌菌剂后,大豆植株株高均显著增加,且接种 *R. intraradices* 菌剂的大豆植株株高增加量略高于接种溶磷细菌菌剂的大豆植株株高。此外,由表 4.11 可知,接种混合菌剂的大豆植株株高增加最显著,表明 *R. intraradices* 和溶磷细菌可有效地促进大豆植株增长,这是由于 *R. intraradices* 和溶磷细菌可有效提高大豆根系吸收营养物质的能力。

表 4.11　不同处理方式对盆栽大豆植株株高的影响　cm

处理方式	30 d	60 d	90 d	120 d
RN	31.26±0.61^{b}	54.53±1.21^{b}	69.37±1.85^{b}	83.06±1.77^{b}
PN	30.85±0.42^{c}	52.21±1.32^{c}	66.46±1.23^{c}	81.06±1.77^{c}
RPN	31.43±0.57^{a}	56.85±1.03^{a}	73.19±1.56^{a}	85.15±2.18^{a}
CkN	30.12±0.29^{d}	50.25±1.17^{d}	63.10±1.62^{d}	77.85±1.79^{d}
RM	30.39±0.41^{cd}	51.02±1.24^{cd}	64.52±1.67^{cd}	78.93±1.52^{cd}
PM	30.25±0.53^{d}	50.56±1.63^{d}	63.95±1.52^{d}	78.02±1.98^{d}
RPM	30.63±0.53^{c}	51.87±1.59^{c}	65.73±1.37^{c}	79.51±1.63^{c}
CkM	29.28±0.67^{e}	49.37±1.53^{e}	60.44±1.91^{e}	72.62±1.85^{e}

注:字母表示不同处理方式差异显著($P < 0.05$)。

(6)不同处理方式对盆栽大豆植株茎粗的影响。

不同处理方式对盆栽大豆植株茎粗的影响见表 4.12。由表 4.12 可知,在同一生长时期相同处理方式下,自然土壤中大豆植株茎粗均略高于灭菌土壤中大豆植株茎粗,表明土壤中有益微生物能够促进大豆植株茎的生长。接种 *R. intraradices* 菌剂的大豆植株茎粗明显优于未接种 *R. intraradices* 菌剂的大豆植株茎粗,这是由于 *R. intraradices* 和大豆植株根系形成共生关系后,能够增强大豆植株抗逆性,促进植株茎的发育。接种溶磷细菌菌剂的大豆植株茎粗略低于接种 *R. intraradices* 菌剂的大豆植株茎粗,但高于对照组大豆植株茎粗,表明溶磷细菌能够在一定程度上促进大豆植株茎的增长。此外,由表 4.12 可知,接种混合菌剂的大豆植株茎粗增加最显著,此结果与大豆植株株高研究结果相似,表明 *R. intraradices* 和溶磷细菌可有效地促进大豆植株茎的增长,从而促进大豆植株对营养物质的吸收和累积。

表 4.12　不同处理方式对盆栽大豆植株茎粗的影响　cm

处理方式	30 d	60 d	90 d	120 d
RN	0.38±0.08^{a}	0.53±0.12^{b}	0.80±0.11^{b}	1.06±0.10^{b}
PN	0.37±0.07^{ab}	0.51±0.09^{c}	0.73±0.13^{c}	1.01±0.13^{c}
RPN	0.39±0.09^{a}	0.57±0.11^{a}	0.85±0.16^{a}	1.10±0.14^{a}
CkN	0.34±0.05^{bc}	0.48±0.06^{d}	0.68±0.15^{d}	0.88±0.08^{d}
RM	0.36±0.08^{b}	0.50±0.08^{cd}	0.71±0.10^{cd}	0.96±0.11^{cd}
PM	0.35±0.07^{bc}	0.49±0.06^{d}	0.69±0.07^{d}	0.92±0.09^{d}
RPM	0.37±0.08^{ab}	0.51±0.08^{c}	0.72±0.11^{c}	0.99±0.12^{c}
CkM	0.33±0.06^{c}	0.46±0.06^{e}	0.65±0.12^{e}	0.84±0.10^{e}

注:字母表示不同处理方式差异显著($P < 0.05$)。

(7)不同处理方式对盆栽大豆植株根长的影响。

不同处理方式对大豆植株根长见表 4.13。*R. intraradices* 菌剂和溶磷细菌菌剂均能够有效地促进大豆植株根的生长,但接种溶磷细菌菌剂的大豆植株根长略低于接种 *R. intraradices* 菌剂的大豆植株根长。此外,由表 4.13 可知,接种混合菌剂的大豆植株根长最长,表明接种的两种菌剂可较好地发挥协同作用,促进大豆植株根的增长。在同一生长时期接种相同接菌剂条件下,自然土壤中大豆植株根长均略高于灭菌土壤中大豆植株根长,表明土壤中有益微生物能够有效地促进大豆植株根的增长,进而促进大豆植株根系对营养物质的吸收与利用。

表 4.13　不同处理方式对盆栽大豆植株根长的影响　　cm

处理方式	30 d	60 d	90 d	120 d
RN	$12.23±0.21^{b}$	$17.85±0.29^{b}$	$21.96±0.41^{b}$	$24.96±0.42^{b}$
PN	$11.87±0.27^{c}$	$16.12±0.33^{c}$	$20.05±0.35^{c}$	$22.37±0.33^{c}$
RPN	$12.96±0.29^{a}$	$19.18±0.36^{a}$	$23.27±0.39^{a}$	$25.89±0.41^{a}$
CkN	$11.28±0.17^{d}$	$14.82±0.24^{d}$	$17.21±0.26^{d}$	$20.21±0.27^{d}$
RM	$11.50±0.28^{cd}$	$15.43±0.21^{cd}$	$18.75±0.32^{cd}$	$21.10±0.38^{cd}$
PM	$11.35±0.18^{d}$	$15.05±0.23^{d}$	$18.32±0.29^{d}$	$20.83±0.44^{d}$
RPM	$11.66±0.21^{c}$	$15.67±0.37^{c}$	$19.38±0.40^{c}$	$21.76±0.48^{c}$
CkM	$11.13±0.15^{e}$	$14.23±0.33^{e}$	$16.17±0.36^{e}$	$18.35±0.41^{e}$

注:字母表示不同处理方式差异显著($P < 0.05$)。

(8)不同处理方式对盆栽大豆产量的影响。

不同处理方式对盆栽大豆产量的影响见表 4.14。与大豆植株的其他生物量指标变化趋势相似,相同接菌处理条件下,自然土壤中大豆百粒重、单株产量和单株荚数量均高于灭菌土壤中相应指标,表明土壤中有益微生物能够提升大豆产量。接种 *R. intraradices* 菌剂的大豆百粒重、单株产量和单株荚数量明显优于未接种 *R. intraradices* 菌剂的相应指标,表明 *R. intraradices* 能够显著提高大豆产量。接种溶磷细菌菌剂的大豆百粒重、单株产量和单株荚数量略低于接种 *R. intraradices* 菌剂的相应指标,但高于对照组相应指标,表明溶磷细菌能够在一定程度上促进大豆产量的增加。此外,由表 4.14 可知,接种混合菌剂的大豆百粒重、单株产量和单株荚数量增加最显著,尤其是在自然土壤中大豆产量增加更显著,表明 *R. intraradices* 和溶磷细菌不仅可有效地抵御土壤中病原菌对大豆植株根系的侵袭,而且能够与其他有益微生物协同促进大豆植株产量的增加。

表 4.14　不同处理方式对盆栽大豆产量的影响

处理方式	百粒重/g	单株产量/g	单株荚数/个
RN	26.85±1.28[b]	24.15±0.91[b]	71.28±1.07[b]
PN	25.43±1.47[c]	23.36±0.86[c]	69.63±1.24[c]
RPN	28.26±1.34[a]	25.92±1.02[a]	73.52±1.53[a]
CkN	24.25±1.12[d]	21.96±0.77[d]	65.31±1.49[d]
RM	24.91±1.03[cd]	22.75±1.05[cd]	67.47±1.28[cd]
PM	24.43±1.26[d]	22.17±1.14[d]	65.92±1.36[d]
RPM	25.26±1.17[c]	23.01±0.76[c]	68.15±0.98[c]
CkM	23.15±1.30[e]	20.23±0.91[e]	63.19±1.23[e]

注:字母表示不同处理方式差异显著($P < 0.05$)。

4.4　讨论与结论

土壤中磷元素的转换分为磷的固定及磷的释放。土壤中磷的固定方式有 4 种,分别是化学固定、吸附固定、闭蓄作用、生物固定。前两者为土壤中磷素固定的主要方式。其中,化学固定过程中由于土壤的性质不同,控制固定的离子各不相同。在石灰性土壤和中性土壤中,主要为钙、镁离子,而在酸性土壤中,则为铁、铝离子。吸附固定包括离子交换吸附和配位吸附两类。离子交换吸附相较于配位吸附,吸附能力较弱,但是配位吸附会随着时间的推移,导致单键吸附逐渐转变为双键吸附,形成稳定的环状化合物时,土壤中磷的有效性会大幅降低。闭蓄作用则为把土壤中的磷酸盐包裹在铁质、铝质等胶膜中,但在干旱的条件下,植物难以利用闭蓄态的磷素。生物固定需要特定的条件,将土壤中的磷素吸收,形成有机体,使其短暂地固定。磷的释放过程是将土壤中难利用磷转化为有效态磷,但是会受到微生物活动、有机肥料的分解以及土壤的水、气、热状况等影响。

对迎茬种植不同农作物带来的影响程度各不相同,大豆植株是对迎茬种植最敏感的作物之一。因迎茬种植问题大豆产量下降幅度高达 11% ~35% 。大豆迎茬种植后,土壤中的磷元素匮乏,尤其速效磷缺乏严重。随着连作年限的增加,土壤中全氮、全钾含量变化不大,但速效磷差异较大,且没有规律性。微生物肥料可将土壤中无机元素转化为对植物生长有益的有机化合物,同时改善土壤氧化还原条件,产生生长素,提升作物产量及品质。微生物肥料可以抑制土壤中病原菌生长,起到增产的作用。从成本角度来看,微生物肥料在一定程度上可以降低成本,相较于化肥,微生物肥料在其生产过程中所消耗的能量较少,在施加时也比传统化肥用量少,从而降低施肥成本。土壤中可被植物直接吸收利用的磷、钾资源相对较少,通常只能靠施加磷、钾肥改善,微生物肥料可将土壤中的磷、钾元素转化为可被植物吸收和利用的有效态磷、钾。此外,微生物肥料还可以减少化肥对土壤结构、养分等方面造成的不良影响,且其本身无毒性,不会对土壤造成二次污染。

本章通过选择培养法,从迎茬种植的大豆植株根际土壤中分离出8株具有溶磷能力的细菌,这些菌株均可通过产酸、产酶等方式水解培养基中的磷,形成透明的溶磷圈。经形态学、生理生化以及16S rDNA序列分析,P-1为东洋芽孢杆菌(*Bacillus toyonensis*);P-2、P-3及P-6为醋酸钙不动杆菌(*Acinetobacter calcoaceticus*);P-4为苔原多米杆菌(*Domibacillus tundrae*),P-5为沙福芽孢杆菌(*Bacillus safensis*),P-7为苏云金杆菌(*Bacillus thuringiensis*),P-8为饲料类芽孢杆菌(*Paenibacillus pabuli*)。研究表明,*Bacillus*、*Acinetobacter*及*Paenibacillus*均可对土壤中的难溶性磷素进行水解,将其转化为易被植株吸收利用的可溶性磷素。

本章研究通过对P-2菌株对不同磷源的溶磷量进行分析发现,其对磷酸钙和植酸钙具有较好的溶磷能力,对磷酸铁、磷酸铝和卵磷脂的溶磷能力相对较差。微生物溶解难溶性磷源是一个动态过程,溶磷微生物在生长过程中通过自身基质释放有机磷,但是溶磷微生物对难溶性磷也具有一定的选择性,通常菌株能溶解难溶性磷源越多,则其溶磷性越好。在培养周期内,NBRIP发酵液中可溶性磷含量变化显著,随着培养时间的延长,菌种消耗培养基中部分有机磷,导致供菌种生长的磷源降低,从而使菌株溶磷能力降低,液体培养基中部分可溶性磷重新螯合成难溶性磷酸盐。

在不同pH条件下的NBRIP液体摇瓶试验中,P-2菌株在发酵起始阶段pH范围为5.0 ~9.0时受影响较大,在pH为6.0、8.0和9.0时,可溶性磷含量明显高于pH为4.0、5.0和7.0时的可溶性磷含量。随着培养时间的延长,在培养120 h时,pH对菌株溶磷能力的影响最大,并且pH为9.0时的溶磷量最大,可达到282.5 mg/L,随后逐渐降低。P-2菌株在不同pH条件下生长均可分泌一定量的有机酸,而有机酸的积累影响微生物对能源物质的吸收和利用,从而影响微生物的代谢,进而影响菌株对磷酸钙的溶解能力。

*Acinetobacter*可侵染浮萍并促进其快速生长,从而提高其产量。*Acinetobacter*可通过产生吲哚乙酸(IAA)、铁载体、胞外多糖(EPS)等,降低生长于砷污染土壤中绿豆植株中的活性氧(ROS),减少了砷引起的氧化损伤,对于砷污染的土壤具有修复作用。*Paenibacillus*作为一种促进植物生长的根瘤菌,可产生有机酸、ACC脱氨酶、IAA、铁载体、固氮和溶磷等,促进植物生长,作为环境友好的化肥和农药替代品具有巨大的潜力。通过高通量测序技术发现*Paenibacillus*对多菌灵污染土壤具有良好的生物修复潜力。此外,在气候变化的背景下,*Paenibacillus*被证实可作为生物防治剂或生物催化剂,及将植物材料转化为生物燃料及化学品。

*Bacillus safensis*在镉(Cd)胁迫下仍可以产生较稳定的EPS、IAA以及氨和铁载体,并有较强的根系定殖能力,可作为重金属污染土壤的植物稳定生物肥料。在*Bacillus safensis*

的发酵液中发现对稻瘟病菌具有抗菌活性的化合物，分别为伊枯草菌素及表面活性剂莎梵亭。通过对丝状真菌生长的强烈抑制来防止稻瘟病致病菌，可有效地提高水稻产量。*Bacillus thuringiensis* 中含有一种新的杀虫蛋白，含有保守的蓖麻凝集素和毒素 10 超家族结构域，但当将其在模拟肠胃液中进行试验或加热到 90 ℃时可以迅速降解和失活，故 *Bacillus thuringiensis* 在稻飞虱安全防治方面具有巨大的应用潜力。溶磷细菌不仅具有溶解土壤中难溶性磷素的作用，而且具有杀菌、杀虫及降解农药残留的功能。本章研究选用分离出溶磷能力较强的溶磷细菌与 *R. intraradices* 制成生物菌剂，利用二者间的协同作用促进大豆植株生长发育，并对土壤中病原微生物进行防治，达到了预期效果。本章研究为缓解大豆迎茬种植所造成的负面效应及未来生物菌剂广泛应用提供有利依据。同时，通过提高土壤中有益微生物所占比例、改善根际土壤环境及增加土壤肥力等方式，有效地提高了大豆生物量，为我国有机绿色大豆产业做出贡献。

参考文献

[1] LI M W, WANG Z L, JIANG B J, et al. Impacts of genomic research on soybean improvement in East Asia[J]. Theor Appl Genet,2020,133(5):1655-1678.

[2] 陈波，邓源喜，高树叶，等. 大豆的营养保健功能及其开发应用进展[J]. 广州化工，2016，44(2)：14-16.

[3] 李傲辰. 大豆的主要营养成分及营养价值研究进展[J]. 现代农业科技,2020(23):213-214,218.

[4] JUNG Y S, KIM Y J, KIM A T, et al. Enrichment of polyglucosylated isoflavones from soybean isoflavone aglycones using optimized amylosucrase transglycosylation [J]. Molecules,2020,25(1):181.

[5] MILADINOVIC J, DORDEVIC V, BALEŠEVIC-TUBIC S, et al. Increase of isoflavones in the aglycone form in soybeans by targeted crossings of cultivated breeding material[J]. Sci Rep,2019,9(1):10341.

[6] KRISHNAN H B, JEZ J M. Review: the promise and limits for enhancing sulfur-containing amino acid content of soybean seed[J]. Plant Sci,2018,272:14-21.

[7] LIU Y C, DU H L, LI P C, et al. Pan-genome of wild and cultivated soybeans[J]. Cell, 2020, 182(1): 162-176.

[8] DE BORJA REIS AF, TAMAGNO S, MORO ROSSO L H, et al. Historical trend on seed amino acid concentration does not follow protein changes in soybeans[J]. Sci Rep,2020, 10(1):17707.

[9] 王红蕾. 浅谈中国2020年度大豆行业市场状况与区域竞争格局[J]. 山西农经,2021(4):104-105.

[10] 于晴,胡胜德. 中国大豆进口多边选择研究[J]. 农场经济管理,2021(1):18-24.

[11] 张彩霞，付桢. 国际背景下中国大豆的生产困境分析与对策[J]. 河北经贸大学学报(综合版)，2020，20(4)：73-78.

[12] 曾小艳，祁华清，邓义，等. 农业农村部《大豆振兴计划实施方案》解读[J]. 农村经济与科技，2020，31(18)：36-37.

[13] 侯春香. 基于中国大豆进口市场结构分析对我国大豆产业发展的启示[J]. 大豆科

技,2020(6):28-35.
[14] 王禹，李干琼，喻闻，等. 中国大豆生产现状与前景展望[J]. 湖北农业科学，2020，59(21)：201-207.
[15] 吴桐,颜繁琪.中美贸易关系缓和对大豆产业发展的影响:以黑龙江省为例[J].黑龙江金融,2019(4):68-70.
[16] 安玉书.对俄农业合作之大豆种植贸易现状分析:以黑龙江省同江口岸为例[J].银行家,2019(6):139-140.
[17] 尹阳阳，徐彩龙，宋雯雯，等. 密植是挖掘大豆产量潜力的重要栽培途径[J]. 土壤与作物，2019，8(4)：361-367.
[18] 徐蕾.浅析大豆重迎茬的危害及防治技术[J].农民致富之友,2019(5):81.
[19] 李森，姚钦，刘俊杰，等. 大豆重迎茬研究进展[J]. 大豆科学，2020，39(2)：317-324.
[20] WANG Y Z,XU X M,LIU T M,et al. Analysis of bacterial and fungal communities in continuous-cropping ramie (*Boehmeria nivea* L. Gaud) fields in different areas in China [J]. Sci Rep,2020,10(1):3264.
[21] KERMAH M,FRANKE A C,ADJEI-NSIAH S,et al. N_2-fixation and N contribution by grain legumes under different soil fertility status and cropping systems in the Guinea savanna of northern Ghana[J]. Agric Ecosyst Environ,2018,261:201-210.
[22] TIAN L,SHI S H,MA L N,et al. Community structures of the rhizomicrobiomes of cultivated and wild soybeans in their continuous cropping [J]. Microbiol Res,2020, 232:126390.
[23] LIU H,PAN F J,HAN X Z,et al. Response of soil fungal community structure to long-term continuous soybean cropping[J]. Front Microbiol,2018,9:3316.
[24] QIN S H,YEBOAH S,CAO L,et al. Breaking continuous potato cropping with legumes improves soil microbial communities,enzyme activities and tuber yield[J]. PLoS One, 2017,12(5):e0175934.
[25] 蔡秋燕，阳显斌，孟祥，等. 不同连作年限对植烟土壤性状的影响[J]. 江西农业学报，2020，32(10)：93-98.
[26] 汪涛,戚仁德,黄志平,等.大豆根腐病的识别与防治[J].大豆科技,2010(6):14-15.
[27] 顾鑫,丁俊杰,郭泰,等.2012 年三江平原大豆苗期主要病虫害的防治[J].大豆科技,2012(3):26-28.
[28] ZHANG L,KHABBAZ S E,WANG A,et al. Detection and characterization of broad-spectrum antipathogen activity of novel rhizobacterial isolates and suppression of

Fusarium crown and root rot disease of tomato[J]. J Appl Microbiol,2015,118(3):685-703.

[29] 接伟光,于文杰,蔡柏岩. 摩西管柄囊霉与连作大豆根腐病原菌尖孢镰刀菌的相互关系研究[J]. 大豆科学,2016,35(4):637-642.

[30] 陈海军,李英. 大豆根腐病的发病原因及防治方法[J]. 现代农业,2010(4):30-31.

[31] 范雪露. 摩西管柄囊霉(*Funneliformis mosseae*)对大豆根际土壤根腐病病原真菌群落多样性的影响[D]. 哈尔滨:黑龙江大学, 2015.

[32] VARGAS GIL S, MERILES J, CONFORTO C, et al. Response of soil microbial communities to different management practices in surface soils of a soybean agroecosystem in *Argentina*[J]. Eur J Soil Biol,2011,47(1):55-60.

[33] CUI J Q, BAI L, LIU X R, et al. Arbuscular mycorrhizal fungal communities in the rhizosphere of a continuous cropping soybean system at the seedling stage[J]. Publ Braz Soc Microbiol,2018,49(2):240-247.

[34] BAI L, CUI J Q, JIE W G, et al. Analysis of the community compositions of rhizosphere fungi in soybeans continuous cropping fields[J]. Microbiol Res,2015,180:49-56.

[35] OERKE EC. Crop losses to pests[J]. J Agric Sci,2006,144(1):31-43.

[36] KUMAR B, KUMAR S, GAUR R, et al. Persistent organochlorine pesticides and polychlorinated biphenyls in intensive agricultural soils from North India[J]. Soil & Water Res,2011,6(4):190-197.

[37] 朱琳, 曾椿淋, 李雨青, 等. 基于高通量测序的大豆连作土壤细菌群落多样性分析[J]. 大豆科学, 2017, 36(3): 419-424.

[38] LI X H, WANG W, WANG J, et al. Contamination of soils with organochlorine pesticides in urban parks in Beijing, China[J]. Chemosphere, 2008, 70(9): 1660-1668.

[39] TAIWO A M. A review of environmental and health effects of organochlorine pesticide residues in Africa[J]. Chemosphere, 2019, 220: 1126-1140.

[40] SNOW R W, AMRATIA P, KABARIA C W, et al. The changing limits and incidence of malaria in Africa:1939-2009[J]. Adv Parasitol,2012,78:169-262.

[41] BACHELET D, TRUONG T, VERNER M A, et al. Determinants of serum concentrations of 1,1-dichloro-2,2-bis(p-chlorophenyl) ethylene and polychlorinated biphenyls among French women in the CECILE study[J]. Environ Res,2011,111(6):861-870.

[42] WU J G, LAN C Y, CHAN G Y S. Organophosphorus pesticide ozonation and formation of oxon intermediates[J]. Chemosphere,2009,76(9):1308-1314.

[43] SHARMA D, NAGPAL A, PAKADE Y B, et al. Analytical methods for estimation of organophosphorus pesticide residues in fruits and vegetables: a review[J]. Talanta, 2010, 82(4): 1077-1089.

[44] ERBAN T, STEHLIK M, SOPKO B, et al. The different behaviors of glyphosate and AMPA in compost-amended soil[J]. Chemosphere, 2018, 207: 78-83.

[45] GAO J J, LIU L H, LIU X R, et al. The occurrence and spatial distribution of organophosphorous pesticides in Chinese surface water[J]. Bull Environ Contam Toxicol, 2009, 82(2): 223-229.

[46] MONTUORI P, AURINO S, GARZONIO F, et al. Estimates of Tiber River organophosphate pesticide loads to the Tyrrhenian Sea and ecological risk[J]. Sci Total Environ, 2016, 559: 218-231.

[47] CHOWDHURY A Z, JAHAN S A, ISLAM M N, et al. Occurrence of organophosphorus and carbamate pesticide residues in surface water samples from the Rangpur district of Bangladesh[J]. Bull Environ Contam Toxicol, 2012, 89(1): 202-207.

[48] DUIRK S E, DESETTO L M, DAVIS G M, et al. Chloramination of organophosphorus pesticides found in drinking water sources[J]. Water Res, 2010, 44(3): 761-768.

[49] LIU T, XU S R, LU S Y, et al. A review on removal of organophosphorus pesticides in constructed wetland: performance, mechanism and influencing factors [J]. Sci Total Environ, 2019, 651(Pt 2): 2247-2268.

[50] YANG Y R, HAN X Z, LIANG Y, et al. The combined effects of arbuscular mycorrhizal fungi (AMF) and lead (Pb) stress on Pb accumulation, plant growth parameters, photosynthesis, and antioxidant enzymes in *Robinia pseudoacacia* L[J]. PLoS One, 2015, 10(12): e0145726.

[51] 仇萌,邹先彪. rDNA-ITS序列鉴定深部真菌菌种的研究进展[J]. 中国真菌学杂志, 2011,6(2):122-125.

[52] 接伟光. 黄檗(*Phellodendron amurense*)丛枝菌根真菌鉴定及菌群结构分析[D]. 哈尔滨:黑龙江大学,2008.

[53] 高亚敏. AM菌根真菌、PGPR促生菌与根瘤菌的互作研究[D]. 兰州:甘肃农业大学,2019.

[54] SONG J, HAN Y Y, BAI B X, et al. Diversity of arbuscular mycorrhizal fungi in rhizosphere soils of the Chinese medicinal herb *Sophora flavescens* Ait[J]. Soil Tillage Res, 2019, 195: 104423.

[55] DE OLIVEIRA GONÇALVES P J R, OLIVEIRA A G, FREITAS V F, et al. Plant growth-

promoting microbial inoculant for *Schizolobium parahyba* pv. *parahyba*[J]. Rev Árvore, 2015,39(4):663-670.

[56] JUNG S C, MARTINEZ-MEDINA A, LOPEZ-RAEZ J A, et al. Mycorrhiza-induced resistance and priming of plant defenses[J]. J Chem Ecol,2012,38(6):651-664.

[57] 宋福强，程蛟，常伟，等. 田间施加 AM 菌剂对大豆生长效应的影响[J]. 中国农学通报，2013，29(6)：69-74.

[58] CAMERON D D,NEAL A L,VAN WEES S C M,et al. Mycorrhiza-induced resistance: more than the sum of its parts? [J]. Trends Plant Sci,2013,18(10):539-545.

[59] HUANG H L,ZHANG S Z,WU N Y,et al. Influence of *Glomus etunicatum/Zea mays* mycorrhiza on atrazine degradation, soil phosphatase and dehydrogenase activities, and soil microbial community structure[J]. Soil Biol Biochem,2009,41(4):726-734.

[60] FREY-KLETT P, GARBAYE J, TARKKA M. The mycorrhiza helper bacteria revisited [J]. New Phytol,2007,176(1):22-36.

[61] WU N Y,ZHANG S Z,HUANG H L,et al. DDT uptake by arbuscular mycorrhizal alfalfa and depletion in soil as influenced by soil application of a non-ionic surfactant[J]. Environ Pollut,2008,151(3):569-575.

[62] WHITE J C, ROSS D W, GENT M P, et al. Effect of mycorrhizal fungi on the phytoextraction of weathered p,p-DDE by *Cucurbita pepo*[J]. J Hazard Mater,2006,137(3):1750-1757.

[63] LUGTENBERG B J, KRAVCHENKO L V, SIMONS M. Tomato seed and root exudate sugars: composition, utilization by *Pseudomonas* biocontrol strains and role in rhizosphere colonization[J]. Environ Microbiol,1999,1(5):439-446.

[64] LI Y, FANG F, WEI J L, et al. Humic acid fertilizer improved soil properties and soil microbial diversity of continuous cropping peanut: a three-year experiment[J]. Sci Rep, 2019,9(1):12014.

[65] 唐燕,葛立傲,普晓兰,等. 丛枝菌根真菌(AMF)对星油藤根腐病的抗性研究[J]. 西南林业大学学报(自然科学),2018,38(6):127-133.

[66] PEI Y C,SIEMANN E,TIAN B L,et al. Root flavonoids are related to enhanced AMF colonization of an invasive tree[J]. AoB Plants,2020,12(1):plaa002.

[67] RODRÍGUEZ-CABALLERO G, CARAVACA F, FERNÁNDEZ-GONZÁLEZ A J, et al. Arbuscular mycorrhizal fungi inoculation mediated changes in rhizosphere bacterial community structure while promoting revegetation in a semiarid ecosystem[J]. Sci Total Environ,2017,584/585:838-848.

[68] PRISCHMANN-VOLDSETH D A, ÖZSISLI T, ALDRICH-WOLFE L, et al. Microbial inoculants differentially influence plant growth and biomass allocation in wheat attacked by gall-inducing hessian fly (Diptera: Cecidomyiidae)[J]. Environ Entomol, 2020, 49(5):1214-1225.

[69] LI YD, NAN Z B, DUAN T Y. *Rhizophagus intraradices* promotes alfalfa (*Medicago sativa*) defense against pea aphids (*Acyrthosiphon pisum*) revealed by RNA-Seq analysis [J]. Mycorrhiza, 2019, 29(6):623-635.

[70] PAWLOWSKI M L, HARTMAN G L. Impact of arbuscular mycorrhizal species on *Heterodera glycines*[J]. Plant Dis, 2020, 104(9):2406-2410.

[71] AGNOLUCCI M, AVIO L, PEPE A, et al. Bacteria associated with a commercial mycorrhizal inoculum: community composition and multifunctional activity as assessed by illumina sequencing and culture-dependent tools[J]. Front Plant Sci, 2018, 9:1956.

[72] ORDOÑEZ Y M, FERNANDEZ B R, LARA L S, et al. Bacteria with phosphate solubilizing capacity alter mycorrhizal fungal growth both inside and outside the root and in the presence of native microbial communities[J]. PLoS One, 2016, 11(6):e0154438.

[73] WU N Y, ZHANG S Z, HUANG H L, et al. Enhanced dissipation of phenanthrene in spiked soil by arbuscular mycorrhizal alfalfa combined with a non-ionic surfactant amendment[J]. Sci Total Environ, 2008, 394(2/3):230-236.

[74] WANG F Y, SHI Z Y, TONG R J, et al. Dynamics of phoxim residues in green onion and soil as influenced by arbuscular mycorrhizal fungi[J]. J Hazard Mater, 2011, 185(1):112-116.

[75] MAR VÁZQUEZ M, CÉSAR S, AZCÓN R, et al. Interactions between arbuscular mycorrhizal fungi and other microbial inoculants (*Azospirillum*, *Pseudomonas*, *Trichoderma*) and their effects on microbial population and enzyme activities in the rhizosphere of maize plants[J]. Appl Soil Ecol, 2000, 15(3):261-272.

[76] BIELINSKA E J, PRANAGAL J. Enzymatic activity of soil contaminated with triazine herbicides[J]. Pol J Environ Stud, 2007, 16(2):295-300.

[77] HUANG HL, ZHANG S Z, SHAN X Q, et al. Effect of arbuscular mycorrhizal fungus (*Glomus caledonium*) on the accumulation and metabolism of atrazine in maize (*Zea mays* L.) and atrazine dissipation in soil[J]. Environ Pollut, 2007, 146(2):452-457.

[78] SINGH B K, WALKER A. Microbial degradation of organophosphorus compounds[J]. FEMS Microbiol Rev, 2006, 30(3):428-471.

[79] DASH D M, OSBORNE W J. Rapid biodegradation and biofilm-mediated bioremoval of

organophosphorus pesticides using an indigenous *Kosakonia oryzae* strain-VITPSCQ3 in a Vertical-flow Packed Bed Biofilm Bioreactor [J]. Ecotoxicol Environ Saf, 2020, 192:110290.

[80] 余姝侨,官昭瑛,陈红. 利用大肠埃希氏菌光控基因表达系统降解多菌灵农残[J]. 生物技术通报,2019,35(2):218-224.

[81] SOGORB M A,VILANOVA E. Enzymes involved in the detoxification of organophosphorus, carbamate and pyrethroid insecticides through hydrolysis[J]. Toxicol Lett,2002,128(1/2/3):215-228.

[82] GOSWAMI M, DEKA S. Plant growth-promoting rhizobacteria—alleviators of abiotic stresses in soil:a review[J]. Pedosphere,2020,30(1):40-61.

[83] GIRARDIN A, WANG T M, DING Y, et al. LCO receptors involved in arbuscular mycorrhiza are functional for rhizobia perception in legumes[J]. Curr Biol,2019,29(24):4249-4259. e5.

[84] RODRÍGUEZ-CABALLERO G, CARAVACA F, FERNÁNDEZ-GONZÁLEZ A J, et al. Arbuscular mycorrhizal fungi inoculation mediated changes in rhizosphere bacterial community structure while promoting revegetation in a semiarid ecosystem[J]. Sci Total Environ,2017,584/585:838-848.

[85] GARZO E, RIZZO E, FERERES A, et al. High levels of arbuscular mycorrhizal fungus colonization on *Medicago truncatula* reduces plant suitability as a host for pea aphids (*Acyrthosiphon pisum*)[J]. Insect Sci,2020,27(1):99-112.

[86] WANG Y Y, YIN Q S, QU Y, et al. Arbuscular mycorrhiza-mediated resistance in tomato against *Cladosporium fulvum*-induced mould disease[J]. J Phytopathol,2018,166(1):67-74.

[87] SPAGNOLETTI F N, LEIVA M, CHIOCCHIO V, et al. Phosphorus fertilization reduces the severity of charcoal rot (*Macrophomina phaseolina*) and the arbuscular mycorrhizal protection in soybean[J]. J Plant Nutr Soil Sci,2018,181(6):855-860.

[88] NAFADY N A, HASHEM M, HASSAN E A, et al. The combined effect of arbuscular mycorrhizae and plant-growth-promoting yeast improves sunflower defense against *Macrophomina phaseolina* diseases[J]. Biol Contr,2019,138:104049.

[89] KABDWAL B C, SHARMA R, TEWARI R, et al. Field efficacy of different combinations of *Trichoderma harzianum*, *Pseudomonas fluorescens*, and arbuscular mycorrhiza fungus against the major diseases of tomato in Uttarakhand (India)[J]. Egypt J Biol Pest Contr, 2019,29(1):1.

[90] TURRINI A, AVIO L, GIOVANNETTI M, et al. Functional complementarity of arbuscular mycorrhizal fungi and associated microbiota: the challenge of translational research[J]. Front Plant Sci, 2018, 9: 1407.

[91] GÓMEZ EXPÓSITO R, BRUIJN I D, POSTMA J, et al. Current insights into the role of rhizosphere bacteria in disease suppressive soils[J]. Front Microbiol, 2017, 8: 2529.

[92] AGNOLUCCI M, BATTINI F, CRISTANI C, et al. Diverse bacterial communities are recruited on spores of different arbuscular mycorrhizal fungal isolates[J]. Biol Fertil Soils, 2015, 51(3): 379-389.

[93] BEHROOZ A, VAHDATI K, REJALI F, et al. Arbuscular mycorrhiza and plant growth-promoting bacteria alleviate drought stress in walnut[J]. HortScience, 2019, 54(6): 1087-1092.

[94] REN L X, WANG B S, YUE C P, et al. Mechanism of application nursery cultivation arbuscular mycorrhizal seedling in watermelon in the field[J]. Ann Appl Biol, 2019, 174(1): 51-60.

[95] OLOWE O M, OLAWUYI O J, SOBOWALE A A, et al. Role of arbuscular mycorrhizal fungi as biocontrol agents against *Fusarium verticillioides* causing ear rot of *Zea mays* L. (Maize)[J]. Curr Plant Biol, 2018, 15: 30-37.

[96] CHIALVA M, FANGEL J U, NOVERO M, et al. Understanding changes in tomato cell walls in roots and fruits: the contribution of arbuscular mycorrhizal colonization[J]. Int J Mol Sci, 2019, 20(2): 415.

[97] ASEEL D G, RASHAD Y M, HAMMAD S M. Arbuscular mycorrhizal fungi trigger transcriptional expression of flavonoid and chlorogenic acid biosynthetic pathways genes in tomato against tomato mosaic virus[J]. Sci Rep, 2019, 9(1): 9692.

[98] CHEN M, ARATO M, BORGHI L, et al. Beneficial services of arbuscular mycorrhizal fungi - from ecology to application[J]. Front Plant Sci, 2018, 9: 1270.

[99] ZHANG Q, GAO X P, REN Y Y, et al. Improvement of *Verticillium* wilt resistance by applying arbuscular mycorrhizal fungi to a cotton variety with high symbiotic efficiency under field conditions[J]. Int J Mol Sci, 2018, 19(1): 241.

[100] SONG Y Y, CHEN D M, LU K, et al. Enhanced tomato disease resistance primed by arbuscular mycorrhizal fungus[J]. Front Plant Sci, 2015, 6: 786.

[101] LI Y, DUAN T, NAN Z, et al. Arbuscular mycorrhizal fungus alleviates alfalfa leaf spots caused by *Phoma* medicaginis revealed by RNA-seq analysis[J]. J Appl Microbiol, 2021, 130(2): 547-560.

[102] RIZZO E, SHERMAN T, MANOSALVA P, et al. Assessment of local and systemic changes in plant gene expression and aphid responses during potato interactions with arbuscular mycorrhizal fungi and potato aphids[J]. Plants,2020,9(1):82.

[103] 张杰,董莎萌,王伟,等. 植物免疫研究与抗病虫绿色防控:进展、机遇与挑战[J]. 中国科学:生命科学,2019,49(11):1479-1507.

[104] WANG YN, YUAN J H, YANG W, et al. Genome wide identification and expression profiling of ethylene receptor genes during soybean nodulation[J]. Front Plant Sci, 2017,8:859.

[105] OULEDALI S, ENNAJEH M, FERRANDINO A, et al. Influence of arbuscular mycorrhizal fungi inoculation on the control of stomata functioning by abscisic acid (ABA) in drought-stressed olive plants[J]. S Afr N J Bot,2019,121:152-158.

[106] PIETERSE C MJ, ZAMIOUDIS C, BERENDSEN R L, et al. Induced systemic resistance by beneficial microbes[J]. Annu Rev Phytopathol,2014,52:347-375.

[107] CASTRILLO G, TEIXEIRA P J, PAREDES S H, et al. Root microbiota drive direct integration of phosphate stress and immunity[J]. Nature,2017,543(7646):513-518.

[108] BERNAOLA L, COSME M, SCHNEIDER R W, et al. Belowground inoculation with arbuscular mycorrhizal fungi increases local and systemic susceptibility of rice plants to different pest organisms[J]. Front Plant Sci,2018,9:747.

[109] 林启美,赵海英,赵小蓉. 4 株溶磷细菌和真菌溶解磷矿粉的特性[J]. 微生物学通报,2002,29(6):24-28.

[110] TENG Z D, CHEN Z P, ZHANG Q, et al. Isolation and characterization of phosphate solubilizing bacteria from rhizosphere soils of the Yeyahu Wetland in Beijing, China[J]. Environ Sci Pollut Res Int,2019,26(33):33976-33987.

[111] QU L L, PENG C L, LI S B. Isolation and screening of a phytate phosphate-solubilizing *Paenibacillus* sp. and its growth-promoting effect on rice seeding[J]. Ying Yong Sheng Tai Xue Bao,2020,31(1):326-332.

[112] JIANG Z, ZHANG X Y, WANG Z Y, et al. Enhanced biodegradation of atrazine by *Arthrobacter* sp. DNS10 during co-culture with a phosphorus solubilizing bacteria: *Enterobacter* sp. P1[J]. Ecotoxicol Environ Saf,2019,172:159-166.

[113] ZHANG Y, CHEN F S, WU X Q, et al. Isolation and characterization of two phosphate-solubilizing fungi from rhizosphere soil of moso bamboo and their functional capacities when exposed to different phosphorus sources and pH environments[J]. PLoS One, 2018,13(7):e0199625.

[114] VELÁZQUEZ M S, CABELLO M N, ELÍADES L A, et al. Combination of phosphorus solubilizing and mobilizing fungi with phosphate rocks and volcanic materials to promote plant growth of lettuce (*Lactuca sativa* L.)[J]. Rev Argent Microbiol, 2017, 49(4): 347-355.

[115] LI Y, ZHANG J J, ZHANG J Q, et al. Characteristics of inorganic phosphate-solubilizing bacteria from the sediments of a eutrophic lake[J]. Int J Environ Res Public Health, 2019, 16(12): 2141.

[116] XUE D, HUANG X D, YANG R X, et al. Screening and phosphate-solubilizing characteristics of phosphate-solubilizing actinomycetes in rhizosphere of tree peony[J]. J Appl Ecol, 2018, 29(5): 1645-1652.

[117] 王岳坤，于飞，唐朝荣. 海南生态区植物根际解磷细菌的筛选及分子鉴定[J]. 微生物学报，2009，49(1)：64-71.

[118] 边武英，何振立，黄昌勇. 高效解磷菌对矿物专性吸附磷的转化及生物有效性的影响[J]. 浙江大学学报(农业与生命科学版)，2000，26(4)：118-121.

[119] AHUJA A, GHOSH S B, D'SOUZA S F. Isolation of a starch utilizing, phosphate solubilizing fungus on buffered medium and its characterization[J]. Bioresour Technol, 2007, 98(17): 3408-3411.

[120] 王春红. 大豆根际土壤溶无机磷细菌的溶磷特性研究[D]. 长春：吉林农业大学，2015.

[121] 林英，司春灿，韩文华，等. 解磷微生物研究进展[J]. 江西农业学报，2017，29(2)：99-103.

[122] 刘云华，吴毅歆，杨绍聪，等. 洋葱伯克霍尔德溶磷菌的筛选和溶磷培养条件优化[J]. 华南农业大学学报，2015，36(3)：78-82.

[123] SUBHASHINI DV. Effect of NPK fertilizers and co-inoculation with phosphate-solubilizing arbuscular mycorrhizal fungus and potassium-mobilizing bacteria on growth, yield, nutrient acquisition, and quality of tobacco (*Nicotiana tabacum* L.)[J]. Commun Soil Sci Plant Anal, 2016, 47(3): 328-337.

[124] PANHWAR Q A, NAHER U A, SHAMSHUDDIN J, et al. Biochemical and molecular characterization of potential phosphate-solubilizing bacteria in acid sulfate soils and their beneficial effects on rice growth[J]. PLoS One, 2014, 9(10): e97241.

[125] 李文谦，卢康，茅燕勇，等. 解磷菌培养的代谢产物初步研究[J]. 生物化工，2018，4(6)：84-86，90.

[126] 刘玉凤，马丽娟，张婷婷，等. 红花根际溶磷菌的筛选与培养条件优化[J]. 江苏农

业科学,2019,47(18):287-291.

[127] 孙孝文,马卫,王慧敏.一株高效溶磷且抑真菌的水生拉恩氏菌 MEM40 筛选鉴定及其水稻促生研究[J].农村实用技术,2020(10):80-82.

[128] MAHDI I, FAHSI N, HAFIDI M, et al. Rhizospheric phosphate solubilizing *Bacillus atrophaeus* GQJK17 S8 increases quinoa seedling, withstands heavy metals, and mitigates salt stress[J]. Sustainability, 2021, 13(6): 3307.

[129] LUO J J, LIU Y X, ZHANG H K, et al. Metabolic alterations provide insights into *Stylosanthes* roots responding to phosphorus deficiency[J]. BMC Plant Biol, 2020, 20(1): 85.

[130] BAUTISTA-CRUZ A, ANTONIO-REVUELTA B, DEL CARMEN MARTÍNEZ GALLEGOS V, et al. Phosphate-solubilizing bacteria improve *Agave angustifolia* Haw. growth under field conditions[J]. J Sci Food Agric, 2019, 99(14): 6601-6607.

[131] YOU M, FANG S M, MACDONALD J, et al. Isolation and characterization of *Burkholderia cenocepacia* CR318, a phosphate solubilizing bacterium promoting corn growth[J]. Microbiol Res, 2020, 233: 126395.

[132] EMAMI T, MIRZAEIHEYDARI M, MALEKI A, et al. Effect of native growth promoting bacteria and commercial biofertilizers on growth and yield of wheat (*Triticum aestivum*) and barley (*Hordeum vulgare*) under salinity stress conditions[J]. Cell Mol Biol, 2019, 65(6): 22-27.

[133] TAHIR M, KHALID U, IJAZ M, et al. Combined application of bio-organic phosphate and phosphorus solubilizing bacteria (*Bacillus* strain MWT 14) improve the performance of bread wheat with low fertilizer input under an arid climate[J]. Publ Braz Soc Microbiol, 2018, 49(Suppl 1): 15-24.

[134] NACOON S, JOGLOY S, RIDDECH N, et al. Interaction between phosphate solubilizing bacteria and arbuscular mycorrhizal fungi on growth promotion and *Tuber* inulin content of *Helianthus tuberosus* L[J]. Sci Rep, 2020, 10(1): 4916.

[135] ZHANG L, FENG G, DECLERCK S. Signal beyond nutrient, fructose, exuded by an arbuscular mycorrhizal fungus triggers phytate mineralization by a phosphate solubilizing bacterium[J]. ISME J, 2018, 12(10): 2339-2351.

[136] SHARMA S, COMPANT S, BALLHAUSEN M B, et al. The interaction between *Rhizoglomus* irregulare and hyphae attached phosphate solubilizing bacteria increases plant biomass of *Solanum lycopersicum*[J]. Microbiol Res, 2020, 240: 126556.

[137] 荆新堂,于东,陈宁波,等.葡萄糖氧化酶协同抗生素抑菌效果的研究[J].广东饲

料,2020,29(11):26-29.

[138] 李海峰,张月阳,曹健,等.耐寡营养高效解磷菌株 XMT-5 的分离鉴定及解磷特性[J].河南农业科学,2017,46(8):67-71.

[139] 宋阳,鲁娜.鸡肠杆菌科病原菌的分离培养与初步鉴定[J].黑龙江畜牧兽医,2011(1):108-109.

[140] ZHANG W W, FENG Z Z, WANG X K, et al. Quantification of ozone exposure- and stomatal uptake-yield response relationships for soybean in Northeast China[J]. Sci Total Environ,2017,599/600:710-720.

[141] 刘株秀,刘俊杰,徐艳霞,等.不同大豆连作年限对黑土细菌群落结构的影响[J].生态学报,2019,39(12):4337-4346.

[142] STROM N, HU W M, HAARITH D, et al. Interactions between soil properties, fungal communities, the soybean cyst nematode, and crop yield under continuous corn and soybean monoculture[J]. Appl Soil Ecol,2020,147:103388.

[143] BAI L, CUI J Q, JIE W G, et al. Analysis of the community compositions of rhizosphere fungi in soybeans continuous cropping fields[J]. Microbiol Res,2015,180:49-56.

[144] SRINIVAS C, NIRMALA DEVI D, NARASIMHA MURTHY K, et al. *Fusarium oxysporum* f. sp. *lycopersici* causal agent of vascular wilt disease of tomato: biology to diversity- a review[J]. Saudi J Biol Sci,2019,26(7):1315-1324.

[145] LIU J J, YU Z H, YAO Q, et al. Distinct soil bacterial communities in response to the cropping system in a Mollisol of Northeast China[J]. Appl Soil Ecol, 2017, 119: 407-416.

[146] 安志刚,郭凤霞,陈垣,等.连作自毒物质与根际微生物互作研究进展[J].土壤通报,2018,49(3):750-756.

[147] 侯劭炜,胡君利,吴福勇,等.丛枝菌根真菌的抑病功能及其应用[J].应用与环境生物学报,2018,24(5):941-951.

[148] COUTINHO E S, BARBOSA M, BEIROZ W, et al. Soil constraints for arbuscular mycorrhizal fungi spore community in degraded sites of rupestrian grassland: implications for restoration[J]. Eur J Soil Biol,2019,90:51-57.

[149] 刘纪爱,束爱萍,刘光荣,等.施肥影响土壤性状和微生物组的研究进展[J].生物技术通报,2019,35(9):21-28.

[150] GAI J P, FAN J Q, ZHANG S B, et al. Direct effects of soil cadmium on the growth and activity of arbuscular mycorrhizal fungi[J]. Rhizosphere,2018,7:43-48.

[151] ZENG H L, ZHONG W, TAN F X, et al. The influence of bt maize cultivation on

communities of arbuscular mycorrhizal fungi revealed by MiSeq sequencing[J]. Front Microbiol,2018,9:3275.

[152] GARZO E,RIZZO E,FERERES A,et al. High levels of arbuscular mycorrhizal fungus colonization on *Medicago truncatula* reduces plant suitability as a host for pea aphids (*Acyrthosiphon pisum*)[J]. Insect Sci,2020,27(1):99-112.

[153] ZHANG F G,LIU M H,LI Y,et al. Effects of arbuscular mycorrhizal fungi,biochar and cadmium on the yield and element uptake of *Medicago sativa*[J]. Sci Total Environ, 2019,655:1150-1158.

[154] 陈保冬,于萌,郝志鹏,等. 丛枝菌根真菌应用技术研究进展[J]. 应用生态学报, 2019,30(3):1035-1046.

[155] 王晓瑜,丁婷婷,李彦忠,等. AM 真菌与根瘤菌对紫花苜蓿镰刀菌萎蔫和根腐病的影响[J]. 草业学报,2019,28(8):139-149.

[156] PRATES JÚNIOR P,MOREIRA B C,DA SILVA M C S,et al. Agroecological coffee management increases arbuscular mycorrhizal fungi diversity[J]. PLoS One,2019,14(1):e0209093.

[157] BI Y L,ZHANG J,SONG Z H,et al. Arbuscular mycorrhizal fungi alleviate root damage stress induced by simulated coal mining subsidence ground fissures[J]. Sci Total Environ,2019,652:398-405.

[158] MA XN,LUO W Q,LI J,et al. Arbuscular mycorrhizal fungi increase both concentrations and bioavilability of Zn in wheat (*Triticum aestivum* L) grain on Zn-spiked soils[J]. Appl Soil Ecol,2019,135:91-97.

[159] LIU X Q,HE J B,WANG Y F,et al. Geographic differentiation and phylogeographic relationships among world soybean populations[J]. Crop J,2020,8(2):260-272.

[160] COLEMAN K,WHITMORE A P,HASSALL K L,et al. The potential for soybean to diversify the production of plant-based protein in the UK[J]. Sci Total Environ,2021, 767:144903.

[161] JIE W G,LIN J X,GUO N,et al. Community composition of rhizosphere fungi as affected by *Funneliformis mosseae* in soybean continuous cropping soil during seedling period[J]. Chil J Agric Res,2019,79(3):356-365.

[162] 李为喜,朱志华,刘三才,等. 中国大豆(*Glycine max*)品种及种质资源主要品质状况分析[J]. 植物遗传资源学报,2004,5(2):185-192.

[163] ZHANG W W,FENG Z Z,WANG X K,et al. Quantification of ozone exposure- and stomatal uptake-yield response relationships for soybean in Northeast China[J]. Sci

Total Environ,2017,599/600:710-720.

[164] 李森,姚钦,刘俊杰,等. 大豆重迎茬研究进展[J]. 大豆科学,2020,39(2):317-324.

[165] WANG YZ,XU X M,LIU T M,et al. Analysis of bacterial and fungal communities in continuous-cropping ramie (*Boehmeria nivea* L. Gaud) fields in different areas in China [J]. Sci Rep,2020,10(1):3264.

[166] 殷继忠,李亮,接伟光,等. 连作对大豆根际土壤细菌菌群结构的影响[J]. 生物技术通报,2018,34(1):230-238.

[167] KLEIN E,KATAN J,GAMLIEL A. Soil suppressiveness to *Fusarium* disease following organic amendments and solarization[J]. Plant Dis,2011,95(9):1116-1123.

[168] DONG L L,XU J,FENG G Q,et al. Soil bacterial and fungal community dynamics in relation to *Panax notoginseng* death rate in a continuous cropping system[J]. Sci Rep, 2016,6:31802.

[169] YANG RP,MO Y L,LIU C M,et al. The effects of cattle manure and garlic rotation on soil under continuous cropping of watermelon (*Citrullus lanatus* L.)[J]. PLoS One, 2016,11(6):e0156515.

[170] 许艳丽,刘晓冰,韩晓增,等. 大豆连作对生长发育动态及产量的影响[J]. 中国农业科学,1999,32(S1):64-68.

[171] 许艳丽,王光华,韩晓增. 连、轮作大豆土壤微生物生态分布特征与大豆根部病虫害关系的研究[J]. 农业系统科学与综合研究,1995,11(4):311-314.

[172] WEI W,XU Y L,LI S,et al. Analysis of *Fusarium* populations in a soybean field under different fertilization management by real-time quantitative PCR and denaturing gradient gel electrophoresis[J]. J Plant Pathol,2012,94(1):119-126.

[173] 魏巍,许艳丽,刘金波,等. 土壤镰孢菌 Real-Time QPCR 定量方法的建立及应用[J]. 大豆科学,2010,29(4):655-658,662.

[174] 魏巍,许艳丽,朱琳,等. 长期连作对大豆根际土壤镰孢菌种群的影响[J]. 应用生态学报,2014,25(2):497-504.

[175] ZHU Y, LV G C, CHEN Y L, et al. Inoculation of arbuscular mycorrhizal fungi with plastic mulching in rainfed wheat: a promising farming strategy[J]. Field Crops Research, 2017, 204: 229-241.

[176] MA XN,LUO W Q,LI J,et al. Arbuscular mycorrhizal fungi increase both concentrations and bioavilability of Zn in wheat (*Triticum aestivum* L) grain on Zn-spiked soils[J]. Appl Soil Ecol,2019,135:91-97.

[177] QU LQ,HUANG Y Y,ZHU C M,et al. Rhizobia-inoculation enhances the soybean's

tolerance to salt stress[J]. Plant Soil,2016,400(1):209-222.

[178] 孙玉芳,宋福强,常伟,等. 盐碱胁迫下 AM 真菌对沙枣苗木生长和生理的影响[J]. 林业科学,2016,52(6):18-27.

[179] 孙玉芳. 盐碱胁迫下 AM 真菌对沙枣苗木生长的影响[D]. 哈尔滨:黑龙江大学,2015.

[180] DORN-IN S, BASSITTA R, SCHWAIGER K, et al. Specific amplification of bacterial DNA by optimized so-called universal bacterial primers in samples rich of plant DNA [J]. J Microbiol Methods,2015,113:50-56.

[181] SMITH D P, PEAY K G. Sequence depth, not PCR replication, improves ecological inference from next generation DNA sequencing[J]. PLoS One,2014,9(2):e90234.

[182] CAPORASO J G, KUCZYNSKI J, STOMBAUGH J, et al. QIIME allows analysis of high-throughput community sequencing data[J]. Nat Methods,2010,7(5):335-336.

[183] MAGOC T, SALZBERG S L. Flash: fast length adjustment of short reads to improve genome assemblies[J]. Bioinformatics,2011,27(21):2957-2963.

[184] EDGAR R C, HAAS B J, CLEMENTE J C, et al. Uchime improves sensitivity and speed of chimera detection[J]. Bioinformatics,2011,27(16):2194-2200.

[185] EDGAR R C. Search and clustering orders of magnitude faster than Blast [J]. Bioinformatics,2010,26(19):2460-2461.

[186] 宋瑞清,邓勋,宋小双. 菌根辅助细菌与外生菌根菌互作机制研究进展[J]. 吉林农业大学学报,2016,38(4):379-384.

[187] 吴文平. 河北省丝孢菌研究 Ⅲ、漆斑菌属(*Myrothecium Tode*:Fr.)的四个种[J]. 河北省科学院学报,1991,8(1):69-74.

[188] 陈诚,李强,王剑,等. 羊肚菌烂柄病发生对土壤真菌群落结构的影响[J]. 微生物学杂志,2018,38(5):39-45.

[189] VAN OS G J, VAN GINKEL J H. Suppression of *Pythium* root rot in bulbous Iris in relation to biomass and activity of the soil microflora[J]. Soil Biol Biochem,2001,33(11):1447-1454.

[190] 林茂兹,王海斌,林辉锋. 太子参连作对根际土壤微生物的影响[J]. 生态学杂志,2012,31(1):106-111.

[191] 刘晔,姜瑛,王国文,等. 不同连作年限对植烟土壤理化性状及微生物区系的影响[J]. 中国农学通报,2016,32(13):136-140.

[192] 李倩,袁玲,杨水平,等. 连作对黄花蒿生长及土壤细菌群落结构的影响[J]. 中国中药杂志,2016,41(10):1803-1810.

[193] 崔晓莹,白莉,郭娜,等.摩西管柄囊霉(*Funneliformis mosseae*)对连作大豆根际土壤细菌菌群的影响[J].大豆科学,2020,39(2):277-287.

[194] BABIN D. Correction to: Microbial community analysis of soils under different soybean cropping regimes in the Argentinean south-eastern Humid Pampas[J]. FEMS Microbiol Ecol,2022,98(6):fiac055.

[195] ASEEL D G,RASHAD Y M,HAMMAD S M. Arbuscular mycorrhizal fungi trigger transcriptional expression of flavonoid and chlorogenic acid biosynthetic pathways genes in tomato against tomato mosaic virus[J]. Sci Rep,2019,9(1):9692.

[196] DREHER D, BALDERMANN S, SCHREINER M, et al. An arbuscular mycorrhizal fungus and a root pathogen induce different volatiles emitted by *Medicago truncatula* roots[J]. J Adv Res,2019,19:85-90.

[197] JIE W G, BAI L, YU W J, et al. Analysis of interspecific relationships between *Funneliformis mosseae* and *Fusarium oxysporum*in the continuous cropping of soybean rhizosphere soil during the branching period[J]. Biocontrol Sci Technol,2015,25(9):1036-1051.

[198] PAWLOWSKI M L, HARTMAN G L. Reduction of sudden death syndrome foliar symptoms and *Fusarium virguliforme* DNA in roots inoculated with *Rhizophagus intraradices*[J]. Plant Dis,2020,104(5):1415-1420.

[199] JIE W G, LIN J X, GUO N, et al. Community composition of rhizosphere fungi as affected by *Funneliformis mosseae* in soybean continuous cropping soil during seedling period[J]. Chil J Agric Res,2019,79(3):356-365.

[200] JIE W G, LIN J X, GUO N, et al. Effects of *Funneliformis mosseae* on mycorrhizal colonization, plant growth and the composition of bacterial community in the rhizosphere of continuous cropping soybean at seedling stage[J]. International Journal of Agriculture and Biology, 2019, 22(5): 1173-1180.

[201] POZO M J,VAN LOON L C,PIETERSE C M J. Jasmonates—signals in plant-microbe interactions[J]. J Plant Growth Regul,2004,23(3):211-222.

[202] BI H H, SONG Y Y, ZENG R S. Biochemical and molecular responses of host plants to mycorrhizal infection and their roles in plant defence[J]. Allelopathy Journal, 2007, 20(1): 15-27.

[203] HAO Z P,FAYOLLE L,VAN TUINEN D,et al. Local and systemic mycorrhiza-induced protection against the ectoparasitic nematode *Xiphinema* index involves priming of defence gene responses in grapevine[J]. J Exp Bot,2012,63(10):3657-3672.

[204] AIMÉ S, ALABOUVETTE C, STEINBERG C, et al. The endophytic strain *Fusarium oxysporum* Fo47: a good candidate for priming the defense responses in tomato roots[J]. Mol Plant Microbe Interact, 2013, 26(8): 918-926.

[205] SLAUGHTER A, DANIEL X, FLORS V, et al. Descendants of primed *Arabidopsis* plants exhibit resistance to biotic stress[J]. Plant Physiol, 2012, 158(2): 835-843.

[206] AL-ASKAR A A, RASHAD Y M. Arbuscular mycorrhizal fungi: a biocontrol agent against common bean *Fusarium* root rot disease[J]. Plant Pathol J, 2010, 9(1): 31-38.

[207] SHARMA I P, SHARMA A K. Physiological and biochemical changes in tomato cultivar PT-3 with dual inoculation of mycorrhiza and PGPR against root-knot nematode[J]. Symbiosis, 2017, 71(3): 175-183.

[208] RAMADAN A, MUROI A, ARIMURA G I. Herbivore-induced maize volatiles serve as priming cues for resistance against post-attack by the specialist armyworm *Mythimna separata*[J]. J Plant Interact, 2011, 6(2/3): 155-158.

[209] VERESOGLOU S D, BARTO E K, MENEXES G, et al. Fertilization affects severity of disease caused by fungal plant pathogens[J]. Plant Pathol, 2013, 62(5): 961-969.

[210] NWANGBURUKA C, OLAWUYI O J, OYEKALE K, et al. Effects of Arbuscular mycorrhizae (AM), poultry manure (PM), NPK fertilizer and the combination of AM-PM on the growth and yield of Okra (*Abelmoschus esculentus*)[J]. Nat Sci Sleep, 2012, 10(9): 35-41.

[211] ABBOTT L K, ROBSON A D. Infectivity and effectiveness of five endomycorrhizal fungi: competition with indigenous fungi in field soils[J]. Aust J Agric Res, 1981, 32(4): 621.

[212] VERBRUGGEN E, VAN DER HEIJDEN M G, RILLIG M C, et al. Mycorrhizal fungal establishment in agricultural soils: factors determining inoculation success[J]. New Phytol, 2013, 197(4): 1104-1109.

[213] ARTURSSON V, FINLAY R D, JANSSON J K. Interactions between arbuscular mycorrhizal fungi and bacteria and their potential for stimulating plant growth[J]. Environ Microbiol, 2006, 8(1): 1-10.

[214] VAN DER HEIJDEN M GA, BARDGETT R D, VAN STRAALEN N M. The unseen majority: soil microbes as drivers of plant diversity and productivity in terrestrial ecosystems[J]. Ecol Lett, 2008, 11(3): 296-310.

[215] ULLAH A, NISAR M, ALI H, et al. Drought tolerance improvement in plants: an endophytic bacterial approach[J]. Appl Microbiol Biotechnol, 2019, 103(18):

7385-7397.

[216] SHULSE CN, CHOVATIA M, AGOSTO C, et al. Engineered root bacteria release plant-available phosphate from phytate [J]. Appl Environ Microbiol, 2019, 85 (18): e01210-e01219.

[217] NUMAN M, BASHIR S, KHAN Y, et al. Plant growth promoting bacteria as an alternative strategy for salt tolerance in plants: a review [J]. Microbiol Res, 2018, 209: 21-32.

[218] 陈佳怡,徐晶秀,陈紫茵,等. 两株根际高效溶磷菌的筛选、鉴定和溶磷特性[J]. 草业科学,2020,37(10):1979-1985.

[219] CAO BB, SHU C L, GENG L L, et al. Cry78Ba1, one novel crystal protein from *Bacillus thuringiensis* with high insecticidal activity against rice planthopper [J]. J Agric Food Chem, 2020, 68(8): 2539-2546.

[220] 东秀珠, 蔡妙英. 常见细菌系统鉴定手册 [M]. 2 版. 北京: 科学出版社, 2001.

[221] 安迪,杨令,王冠达,等. 磷在土壤中的固定机制和磷肥的高效利用[J]. 化工进展, 2013,32(8):1967-1973.

[222] JIANG Z, ZHANG X Y, WANG Z Y, et al. Enhanced biodegradation of atrazine by *Arthrobacter* sp. DNS10 during co-culture with a phosphorus solubilizing bacteria: *Enterobacter* sp. P1 [J]. Ecotoxicol Environ Saf, 2019, 172: 159-166.

[223] ISHIZAWA H, OGATA Y, HACHIYA Y, et al. Enhanced biomass production and nutrient removal capacity of duckweed via two-step cultivation process with a plant growth-promoting bacterium, *Acinetobacter calcoaceticus* P23 [J]. Chemosphere, 2020, 238: 124682.

[224] DAS J, SARKAR P. Remediation of arsenic in mung bean (*Vigna radiata*) with growth enhancement by unique arsenic-resistant bacterium *Acinetobacter lwoffii* [J]. Sci Total Environ, 2018, 624: 1106-1118.

[225] KHAN M S, GAO J L, ZHANG M F, et al. Isolation and characterization of plant growth-promoting endophytic bacteria *Bacillus stratosphericus* LW-03 from *Lilium wardii* [J]. Biotech, 2020, 10(7): 305.

[226] CHUANG SC, YANG H X, WANG X, et al. Potential effects of *Rhodococcus qingshengii* strain djl-6 on the bioremediation of carbendazim-contaminated soil and the assembly of its microbiome [J]. J Hazard Mater, 2021, 414: 125496.

[227] EIDA A A, BOUGOUFFA S, ALAM I, et al. Complete genome sequence of *Paenibacillus* sp. JZ16, a plant growth promoting root endophytic bacterium of the desert halophyte *Zy-*

gophyllum simplex[J]. Curr Microbiol,2020,77(6):1097-1103.

[228] NAZLI F,JAMIL M,HUSSAIN A,et al. Exopolysaccharides and indole-3-acetic acid producing *Bacillus safensis* strain FN13 potential candidate for phytostabilization of heavy metals[J]. Environ Monit Assess,2020,192(11):738.

[229] 戎松浩. 芽孢杆菌 B21 中抗稻瘟病菌物质的分析及防治效果评价[D]. 雅安:四川农业大学,2019.

附录　部分彩图

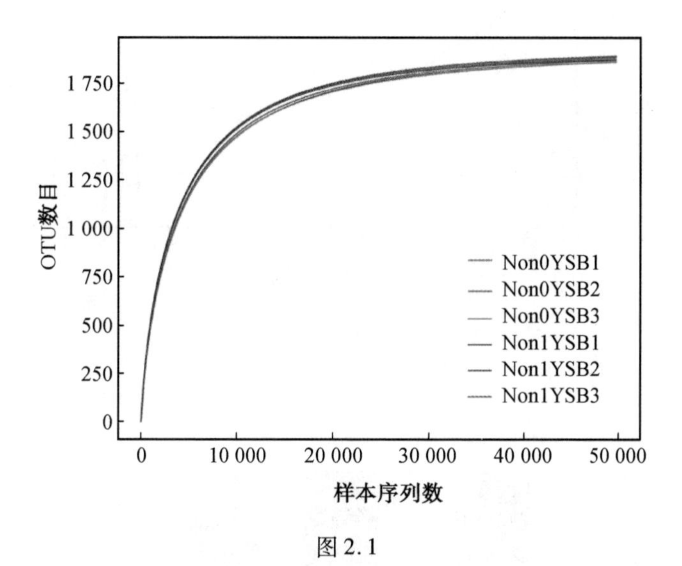

图 2.1

图 2.2

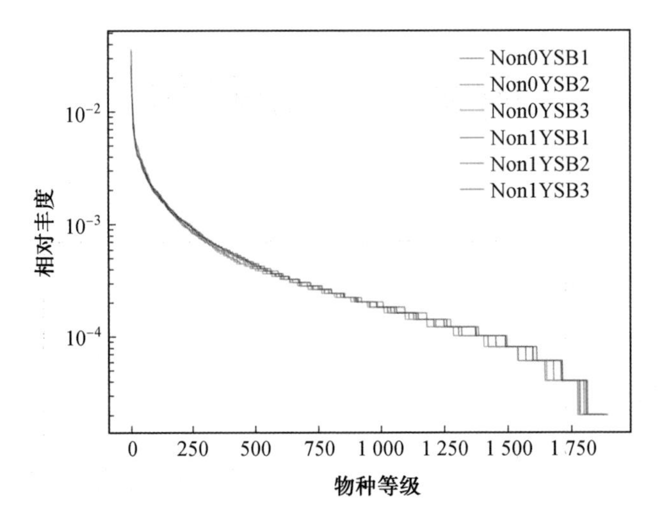
Non0YSB1
Non0YSB2
Non0YSB3
Non1YSB1
Non1YSB2
Non1YSB3
相对丰度
10^{-2}
10^{-3}
10^{-4}
0
250
500
750
1 000
1 250
1 500
1 750
物种等级

图 2.3

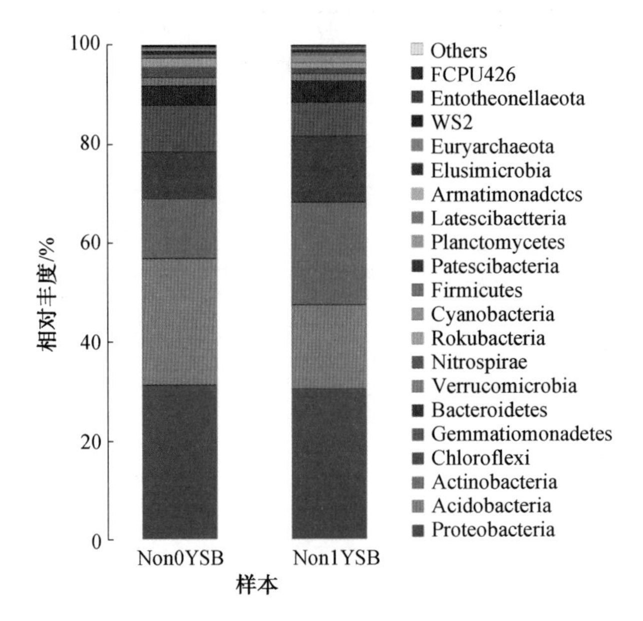
100
80
60
40
20
0
相对丰度/%
Non0YSB
Non1YSB
样本
Others
FCPU426
Entotheonellaeota
WS2
Euryarchaeota
Elusimicrobia
Armatimonadctcs
Latescibactteria
Planctomycetes
Patescibacteria
Firmicutes
Cyanobacteria
Rokubacteria
Nitrospirae
Verrucomicrobia
Bacteroidetes
Gemmatiomonadetes
Chloroflexi
Actinobacteria
Acidobacteria
Proteobacteria

图 2.4

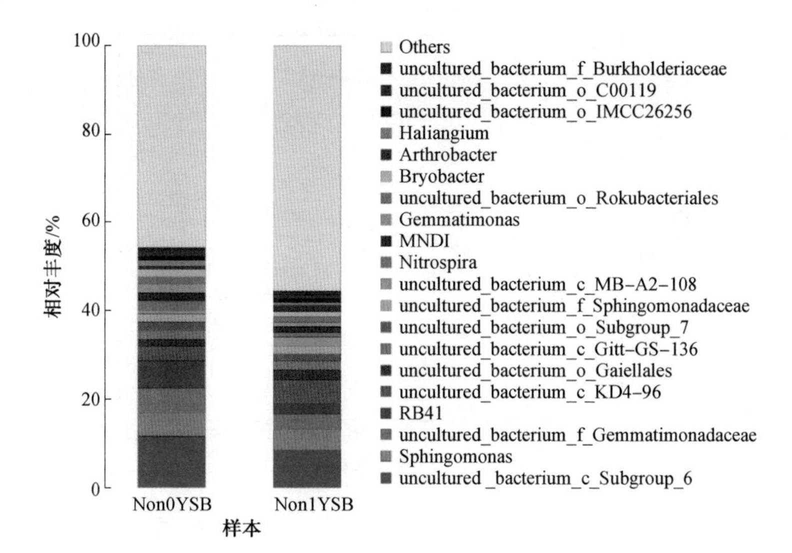
100
80
60
40
20
0
相对丰度/%
Non0YSB
Non1YSB
样本
Others
uncultured_bacterium_f_Burkholderiaceae
uncultured_bacterium_o_C00119
uncultured_bacterium_o_IMCC26256
Haliangium
Arthrobacter
Bryobacter
uncultured_bacterium_o_Rokubacteriales
Gemmatimonas
MNDI
Nitrospira
uncultured_bacterium_c_MB-A2-108
uncultured_bacterium_f_Sphingomonadaceae
uncultured_bacterium_o_Subgroup_7
uncultured_bacterium_c_Gitt-GS-136
uncultured_bacterium_o_Gaiellales
uncultured_bacterium_c_KD4-96
RB41
uncultured_bacterium_f_Gemmatimonadaceae
Sphingomonas
uncultured _bacterium_c_Subgroup_6

图 2.5

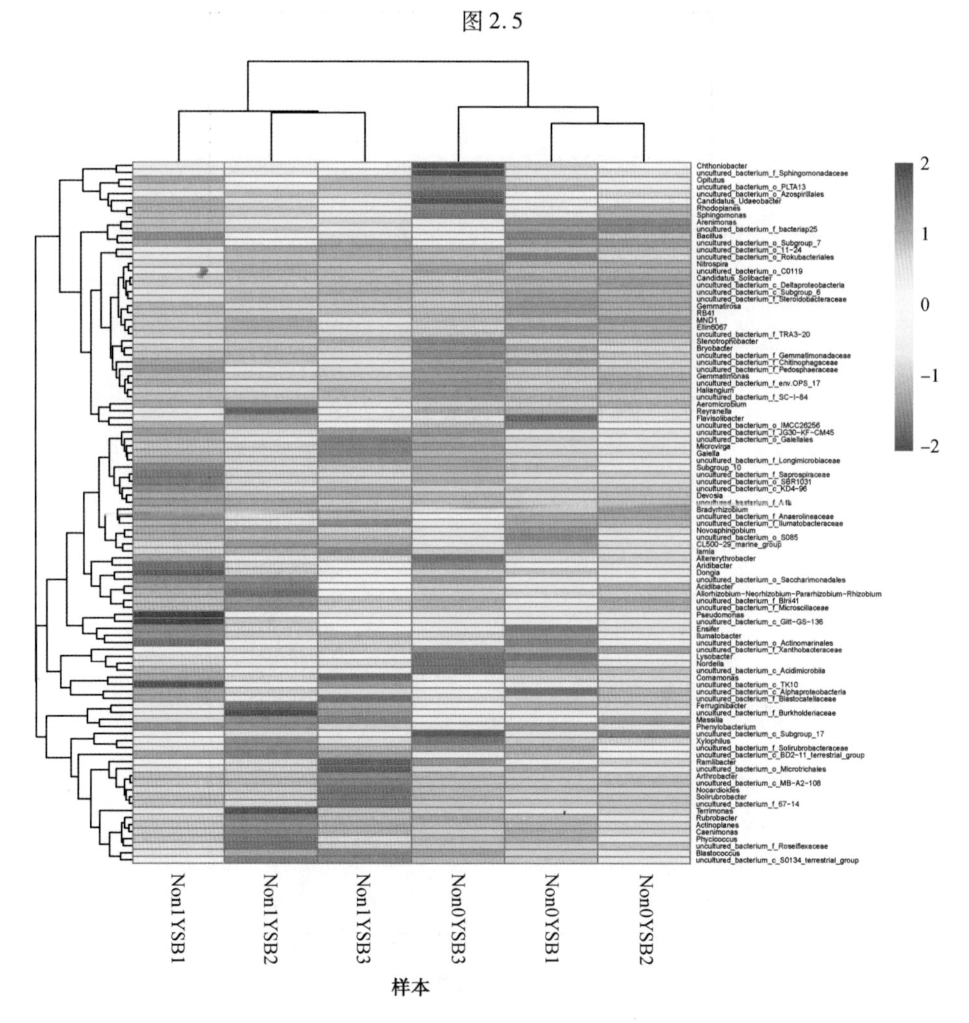
2
1
0
−1
−2
Non1YSB1
Non1YSB2
Non1YSB3
Non0YSB3
Non0YSB1
Non0YSB2
样本

图 2.6

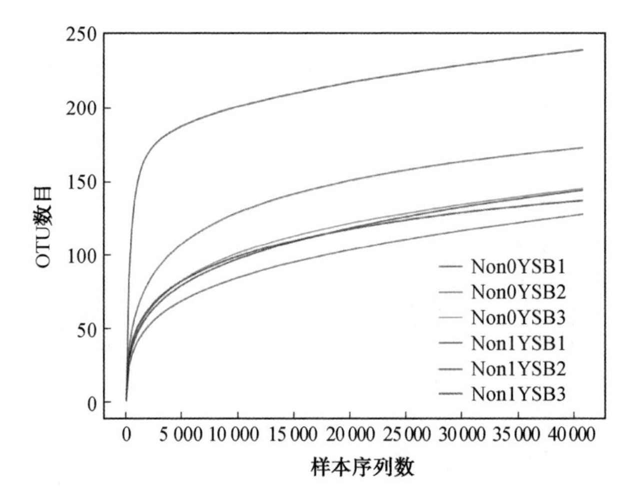
250
200
150
100
50
0
OTU数目
Non0YSB1
Non0YSB2
Non0YSB3
Non1YSB1
Non1YSB2
Non1YSB3
0
5 000
10 000
15 000
20 000
25 000
30 000
35 000
40 000
样本序列数

图 2.8

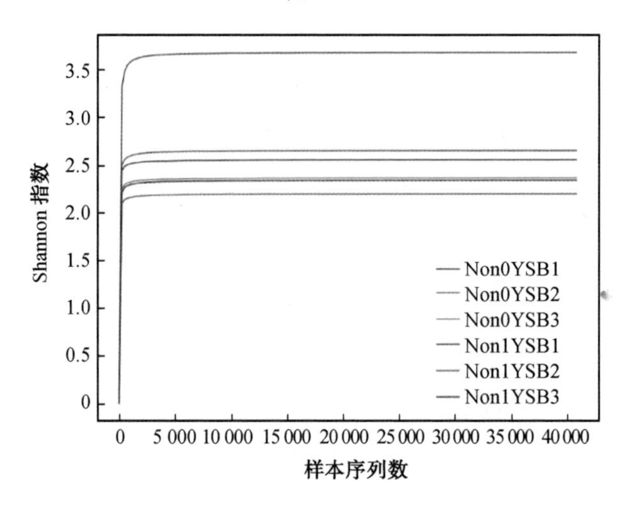
3.5
3.0
2.5
2.0
1.5
1.0
0.5
0
Shannon 指数
Non0YSB1
Non0YSB2
Non0YSB3
Non1YSB1
Non1YSB2
Non1YSB3
0
5 000
10 000
15 000
20 000
25 000
30 000
35 000
40 000
样本序列数

图 2.9

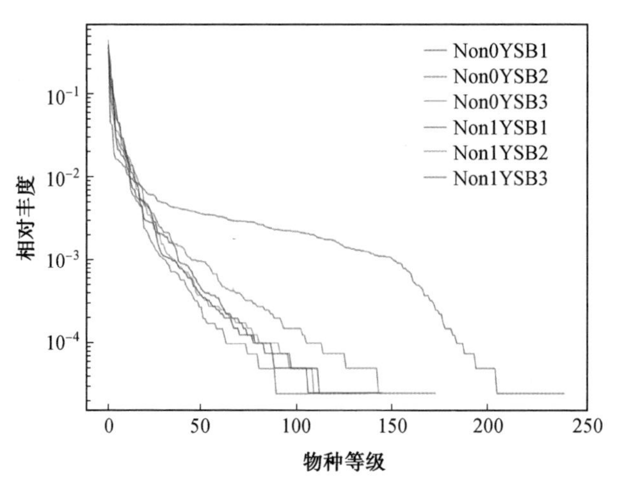
10^{-1}
10^{-2}
10^{-3}
10^{-4}
相对丰度
Non0YSB1
Non0YSB2
Non0YSB3
Non1YSB1
Non1YSB2
Non1YSB3
0
50
100
150
200
250
物种等级

图 2.10

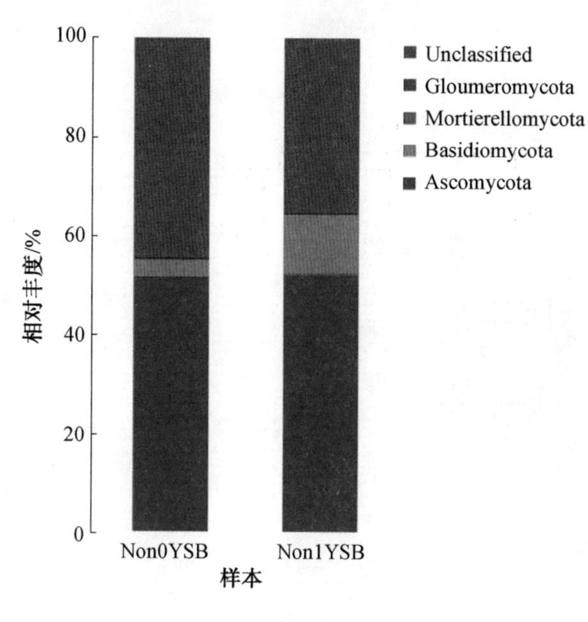
100
80
60
40
20
0
相对丰度/%
Non0YSB
Non1YSB
样本
Unclassified
Gloumeromycota
Mortierellomycota
Basidiomycota
Ascomycota

图 2.11

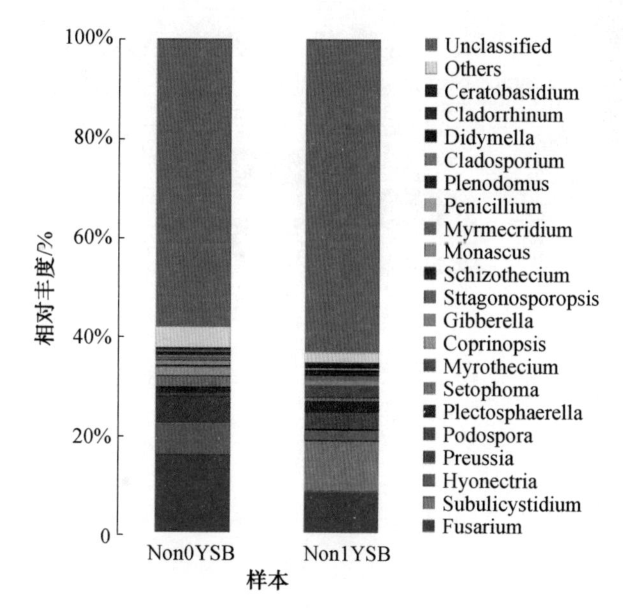
100%
80%
60%
40%
20%
0
相对丰度/%
Non0YSB
Non1YSB
样本
Unclassified
Others
Ceratobasidium
Cladorrhinum
Didymella
Cladosporium
Plenodomus
Penicillium
Myrmecridium
Monascus
Schizothecium
Sttagonosporopsis
Gibberella
Coprinopsis
Myrothecium
Setophoma
Plectosphaerella
Podospora
Preussia
Hyonectria
Subulicystidium
Fusarium

图 2.12

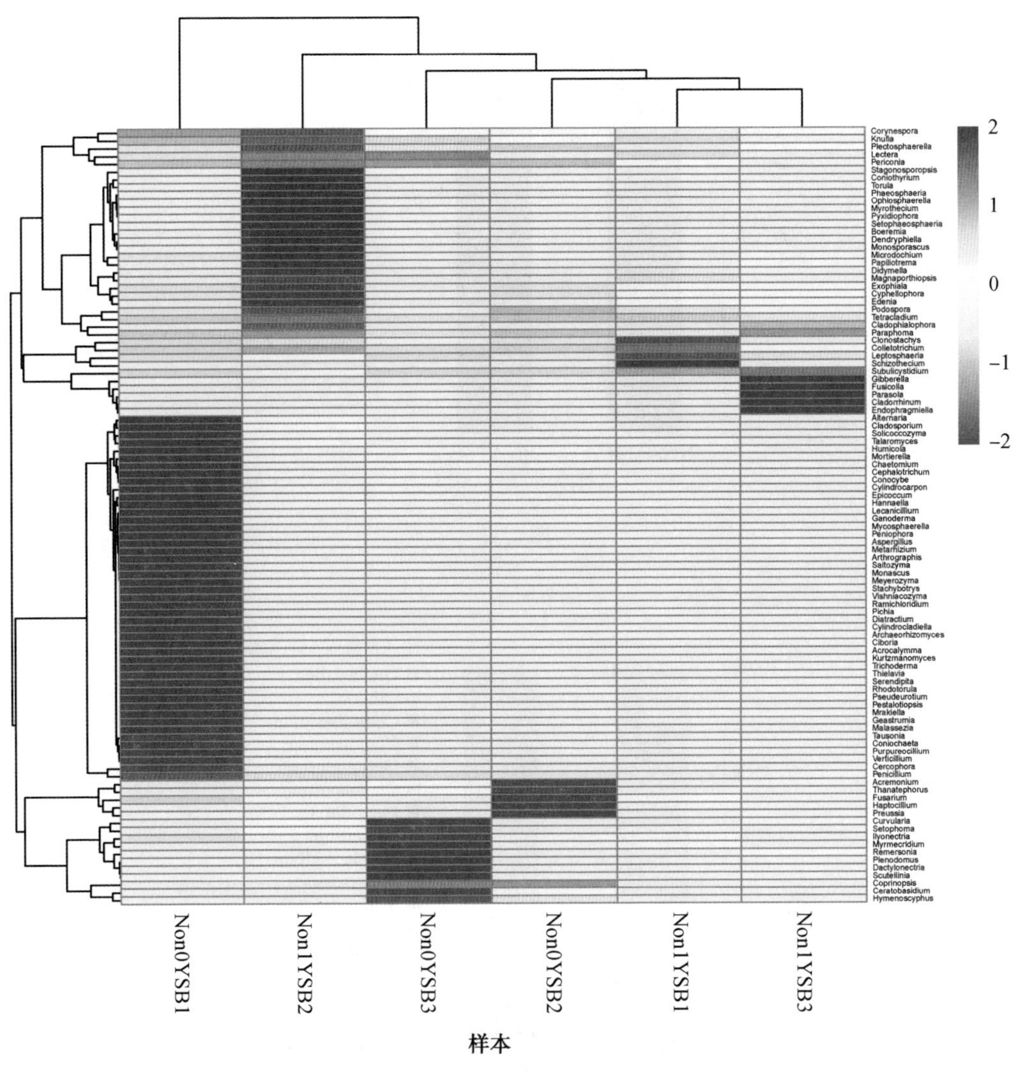
Corynespora
Knufia
Plectosphaerella
Lectera
Periconia
Stagonosporopsis
Coniothyrium
Torula
Phaeosphaeria
Ophiosphaerella
Myrothecium
Pyxidiophora
Setophaeosphaeria
Boeremia
Dendryphiella
Monosporascus
Microdochium
Papiliotrema
Didymella
Magnaporthiopsis
Exophiala
Cyphellophora
Edenia
Podospora
Tetracladium
Cladophialophora
Paraphoma
Clonostachys
Colletotrichum
Leptosphaeria
Schizothecium
Subulicystidium
Gibberella
Fusicolla
Parasola
Cladorrhinum
Endophragmiella
Alternaria
Cladosporium
Solicoccozyma
Talaromyces
Humicola
Mortierella
Chaetomium
Cephalotrichum
Conocybe
Cylindrocarpon
Epicoccum
Hannaella
Lecanicillium
Ganoderma
Mycosphaerella
Peniophora
Aspergillus
Metarhizium
Arthrographis
Saitozyma
Monascus
Meyerozyma
Stachybotrys
Vishniacozyma
Ramichloridium
Pichia
Diatractium
Cylindrocladiella
Archaeorhizomyces
Ciboria
Acrocalymma
Kurtzmanomyces
Trichoderma
Thielavia
Serendipita
Rhodotorula
Pseudeurotium
Pestalotiopsis
Mrakiella
Geastrumia
Malassezia
Tausonia
Coniochaeta
Purpureocillium
Verticillium
Cercophora
Penicillium
Acremonium
Thanatephorus
Fusarium
Haptocillium
Preussia
Curvularia
Setophoma
Ilyonectria
Myrmecridium
Remersonia
Plenodomus
Dactylonectria
Scutellinia
Coprinopsis
Ceratobasidium
Hymenoscyphus
2
1
0
−1
−2
Non0YSB1
Non1YSB2
Non0YSB3
Non0YSB2
Non1YSB1
Non1YSB3
样本

图 2.13

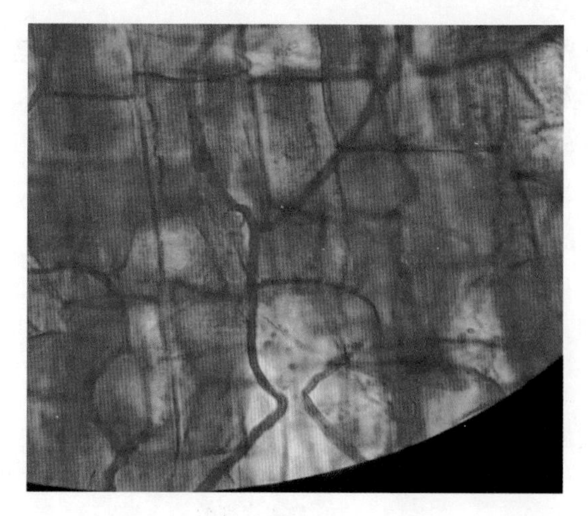

图 2.15

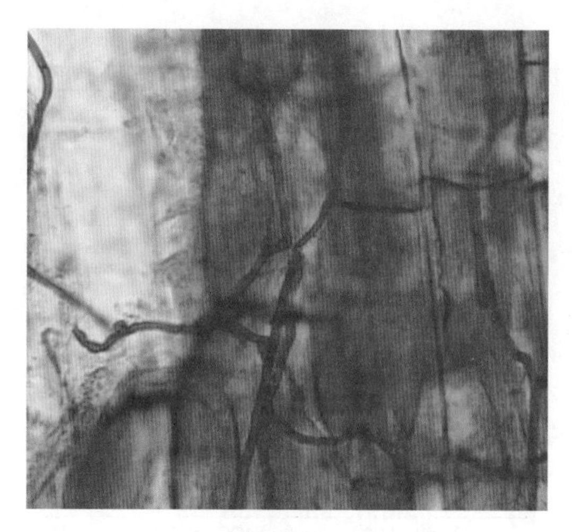

图 2.16

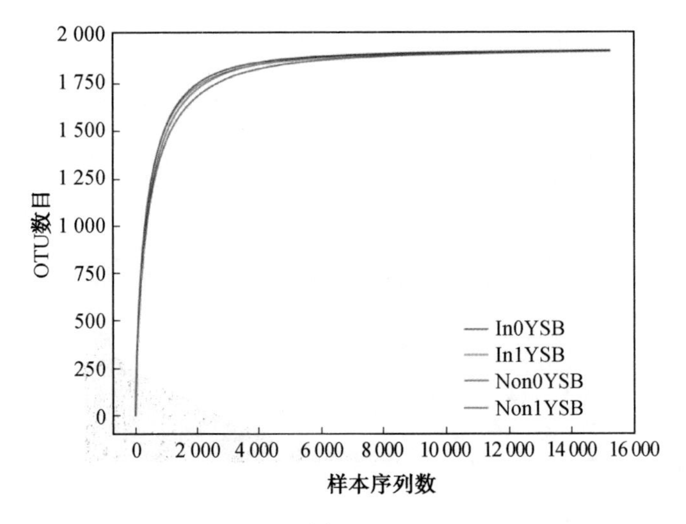
2 000
1 750
1 500
1 250
1 000
750
500
250
0
OTU数目
0
2 000
4 000
6 000
8 000
10 000
12 000
14 000
16 000
样本序列数
In0YSB
In1YSB
Non0YSB
Non1YSB

图 3.2

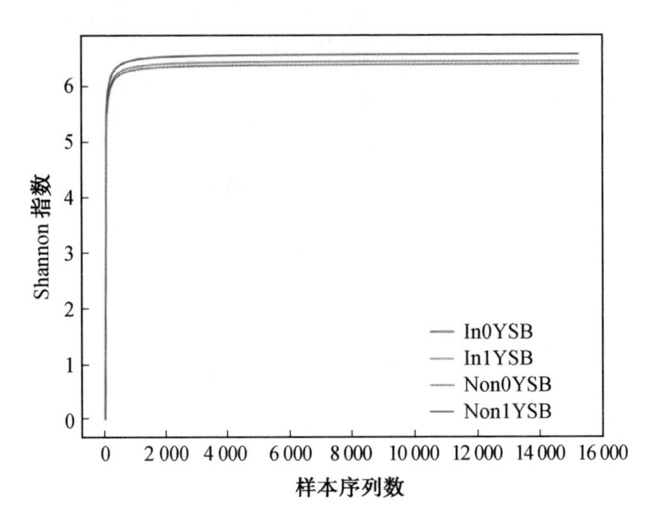
6
5
4
3
2
1
0
Shannon 指数
0
2 000
4 000
6 000
8 000
10 000
12 000
14 000
16 000
样本序列数
In0YSB
In1YSB
Non0YSB
Non1YSB

图 3.3

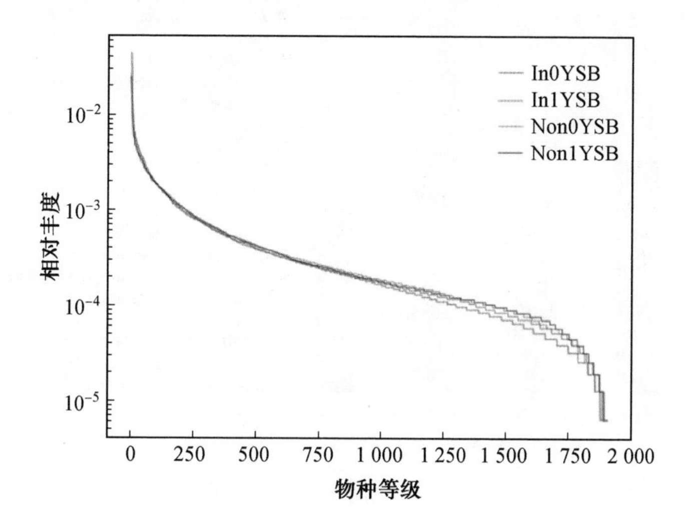
In0YSB
In1YSB
Non0YSB
Non1YSB
10^{-2}
10^{-3}
10^{-4}
10^{-5}
相对丰度
0
250
500
750
1 000
1 250
1 500
1 750
2 000
物种等级

图 3.4

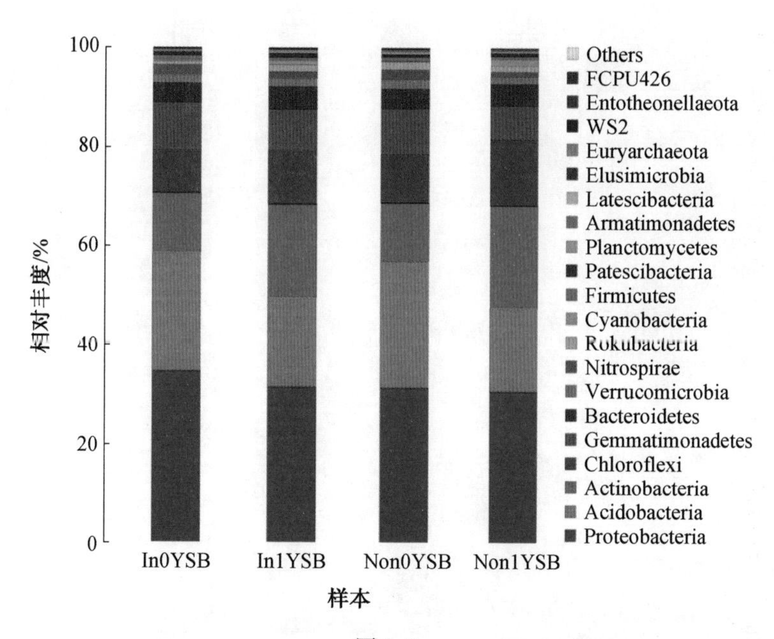
100
80
60
40
20
0
相对丰度/%
In0YSB
In1YSB
Non0YSB
Non1YSB
样本
Others
FCPU426
Entotheonellaeota
WS2
Euryarchaeota
Elusimicrobia
Latescibacteria
Armatimonadetes
Planctomycetes
Patescibacteria
Firmicutes
Cyanobacteria
Rokubacteria
Nitrospirae
Verrucomicrobia
Bacteroidetes
Gemmatimonadetes
Chloroflexi
Actinobacteria
Acidobacteria
Proteobacteria

图 3.5

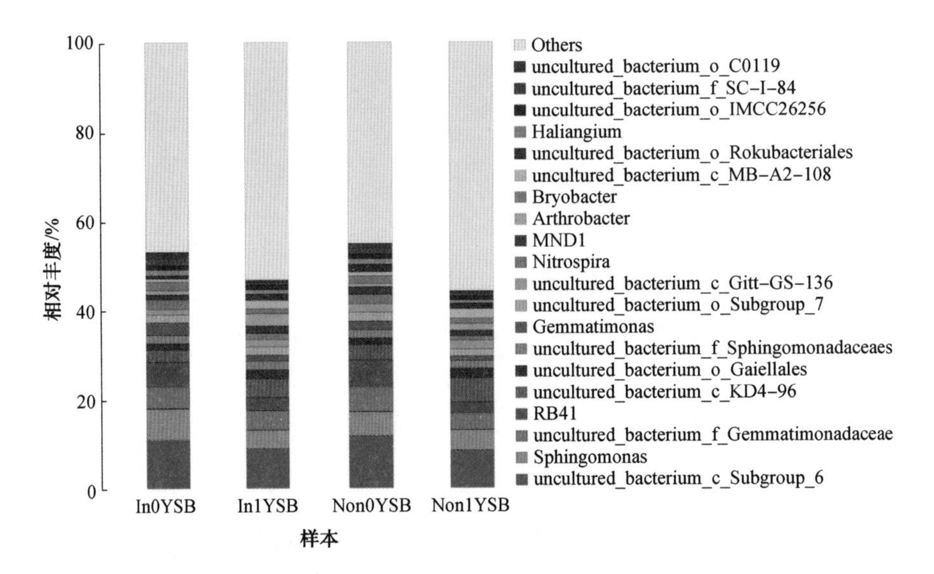
100
80
60
40
20
0
相对丰度/%
In0YSB
In1YSB
Non0YSB
Non1YSB
样本
Others
uncultured_bacterium_o_C0119
uncultured_bacterium_f_SC-I-84
uncultured_bacterium_o_IMCC26256
Haliangium
uncultured_bacterium_o_Rokubacteriales
uncultured_bacterium_c_MB-A2-108
Bryobacter
Arthrobacter
MND1
Nitrospira
uncultured_bacterium_c_Gitt-GS-136
uncultured_bacterium_o_Subgroup_7
Gemmatimonas
uncultured_bacterium_f_Sphingomonadaceaes
uncultured_bacterium_o_Gaiellales
uncultured_bacterium_c_KD4-96
RB41
uncultured_bacterium_f_Gemmatimonadaceae
Sphingomonas
uncultured_bacterium_c_Subgroup_6

图 3.6

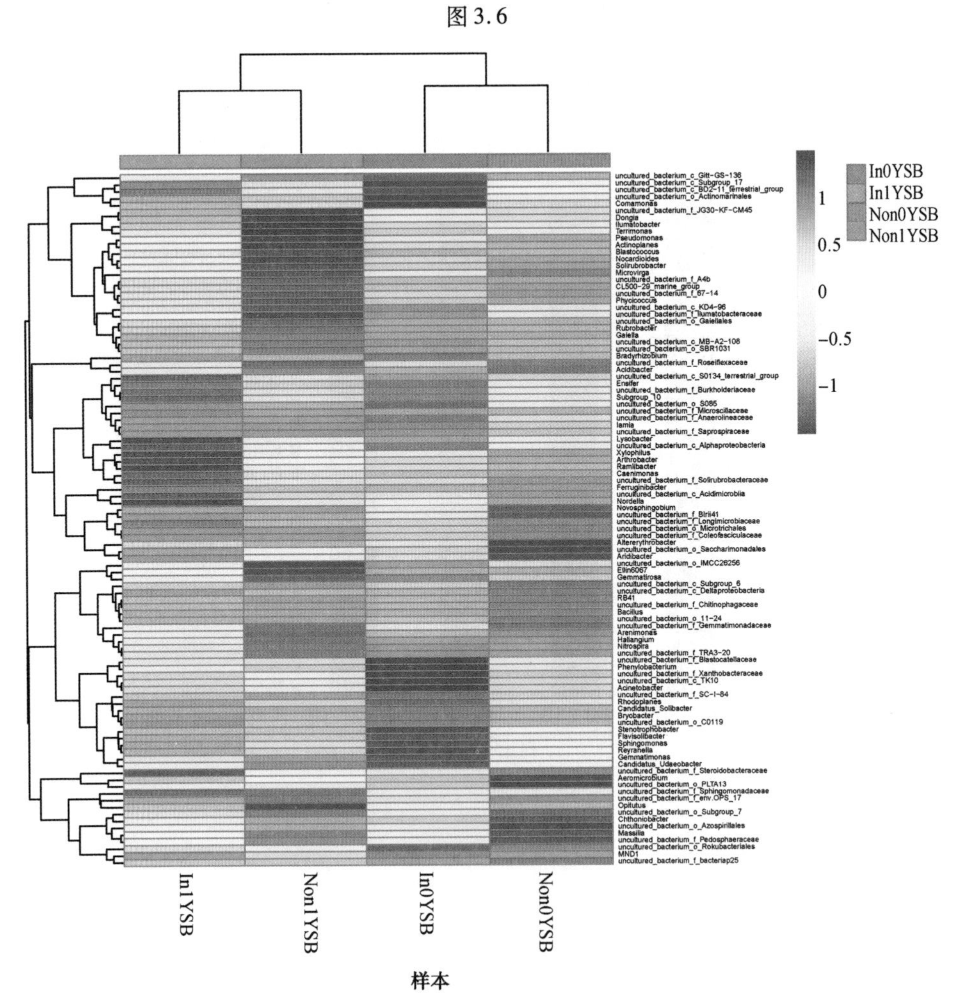
1
0.5
0
−0.5
−1
In0YSB
In1YSB
Non0YSB
Non1YSB
In1YSB
Non1YSB
In0YSB
Non0YSB
样本

图 3.7

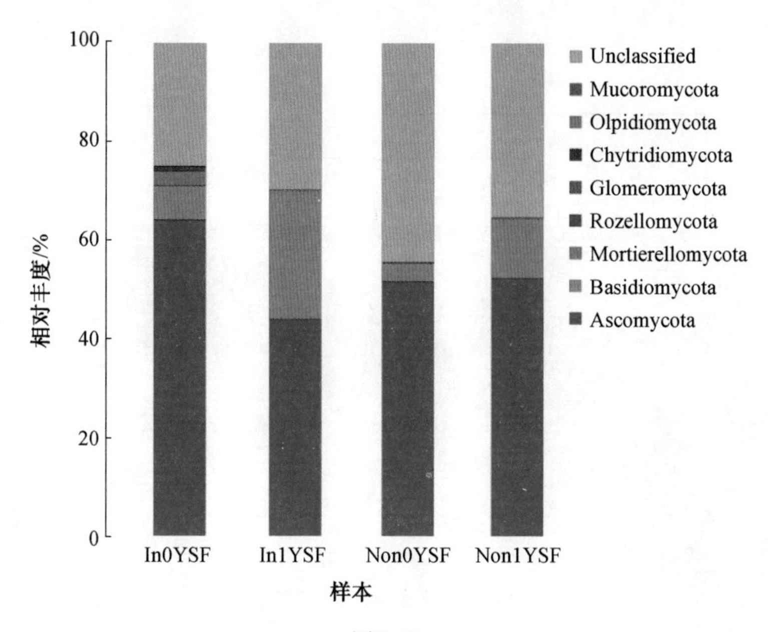
100
80
60
40
20
0
相对丰度/%
In0YSF
In1YSF
Non0YSF
Non1YSF
样本
Unclassified
Mucoromycota
Olpidiomycota
Chytridiomycota
Glomeromycota
Rozellomycota
Mortierellomycota
Basidiomycota
Ascomycota

图 3.13

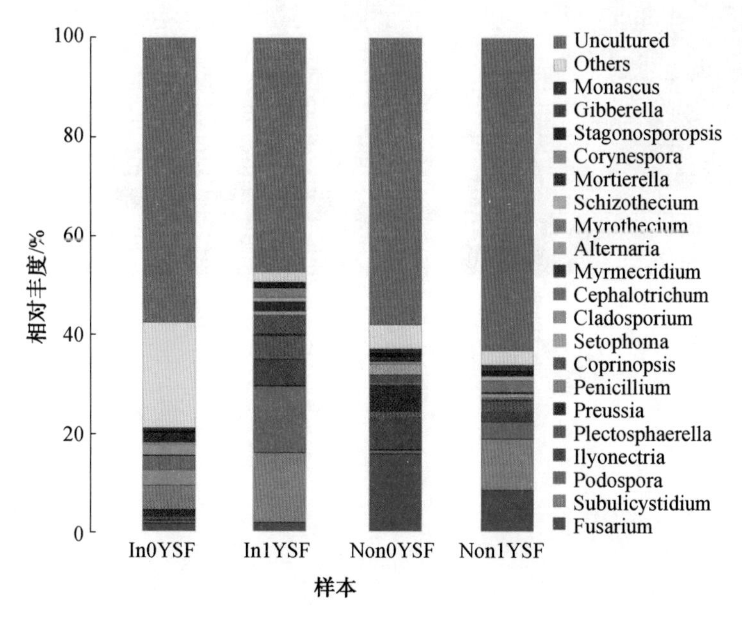
100
80
60
40
20
0
相对丰度/%
In0YSF
In1YSF
Non0YSF
Non1YSF
样本
Uncultured
Others
Monascus
Gibberella
Stagonosporopsis
Corynespora
Mortierella
Schizothecium
Myrothecium
Alternaria
Myrmecridium
Cephalotrichum
Cladosporium
Setophoma
Coprinopsis
Penicillium
Preussia
Plectosphaerella
Ilyonectria
Podospora
Subulicystidium
Fusarium

图 3.14

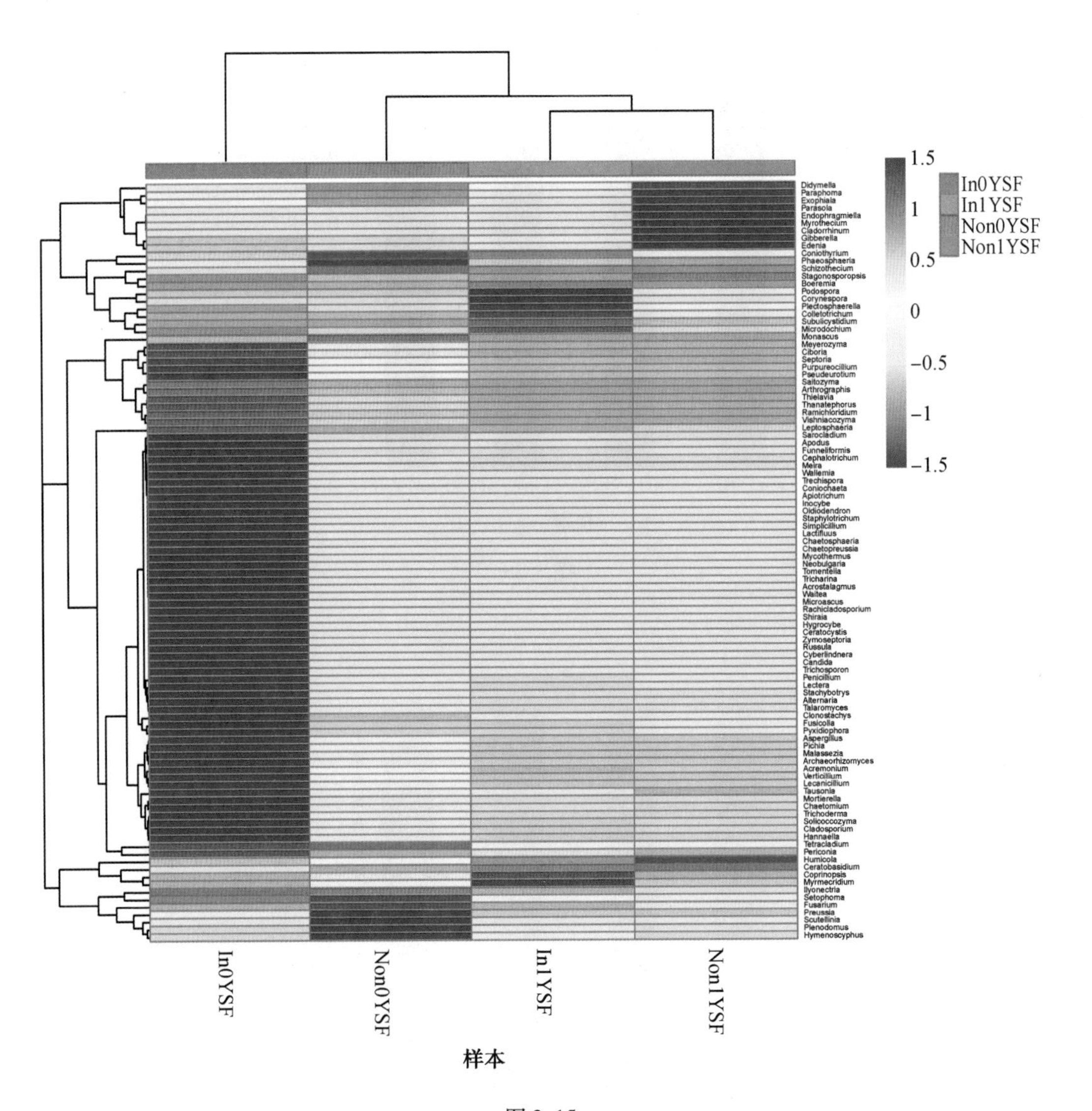
1.5
1
0.5
0
−0.5
−1
−1.5
In0YSF
In1YSF
Non0YSF
Non1YSF
Didymella
Paraphoma
Exophiala
Parasola
Endophragmiella
Myrothecium
Cladorrhinum
Gibberella
Edenia
Coniothyrium
Phaeosphaeria
Schizothecium
Stagonosporopsis
Boeremia
Podospora
Corynespora
Plectosphaerella
Colletotrichum
Subulicystidium
Microdochium
Monascus
Meyerozyma
Ciboria
Septoria
Purpureocillium
Pseudeurotium
Saitozyma
Arthrographis
Thielavia
Thanatephorus
Ramichloridium
Vishniacozyma
Leptosphaeria
Sarocladium
Apodus
Funneliformis
Cephalotrichum
Meira
Wallemia
Trechispora
Coniochaeta
Apiotrichum
Inocybe
Oidiodendron
Staphylotrichum
Simplicillium
Lactifluus
Chaetosphaeria
Chaetopreussia
Mycothermus
Neobulgaria
Tomentella
Tricharina
Acrostalagmus
Waitea
Microascus
Rachicladosporium
Shiraia
Hygrocybe
Ceratocystis
Zymoseptoria
Russula
Cyberlindnera
Candida
Trichosporon
Penicillium
Lectera
Stachybotrys
Alternaria
Talaromyces
Clonostachys
Fusicolla
Pyxidiophora
Aspergillus
Pichia
Malassezia
Archaeorhizomyces
Acremonium
Verticillium
Lecanicillium
Tausonia
Mortierella
Chaetomium
Trichoderma
Solicoccozyma
Cladosporium
Hannaella
Tetracladium
Periconia
Humicola
Ceratobasidium
Coprinopsis
Myrmecridium
Ilyonectria
Setophoma
Fusarium
Preussia
Scutellinia
Plenodomus
Hymenoscyphus
In0YSF
Non0YSF
In1YSF
Non1YSF
样本

图 3.15

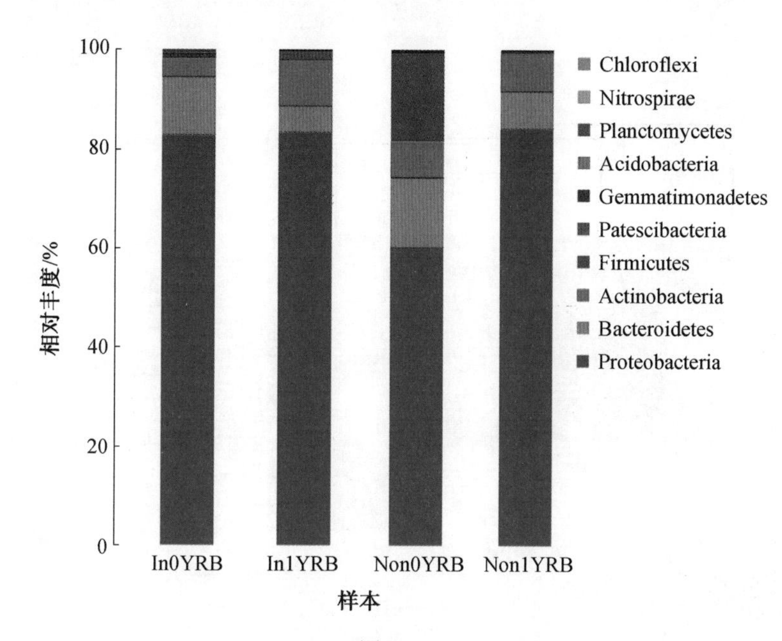
100
80
60
40
20
0
相对丰度/%
In0YRB
In1YRB
Non0YRB
Non1YRB
样本
Chloroflexi
Nitrospirae
Planctomycetes
Acidobacteria
Gemmatimonadetes
Patescibacteria
Firmicutes
Actinobacteria
Bacteroidetes
Proteobacteria

图 3.21

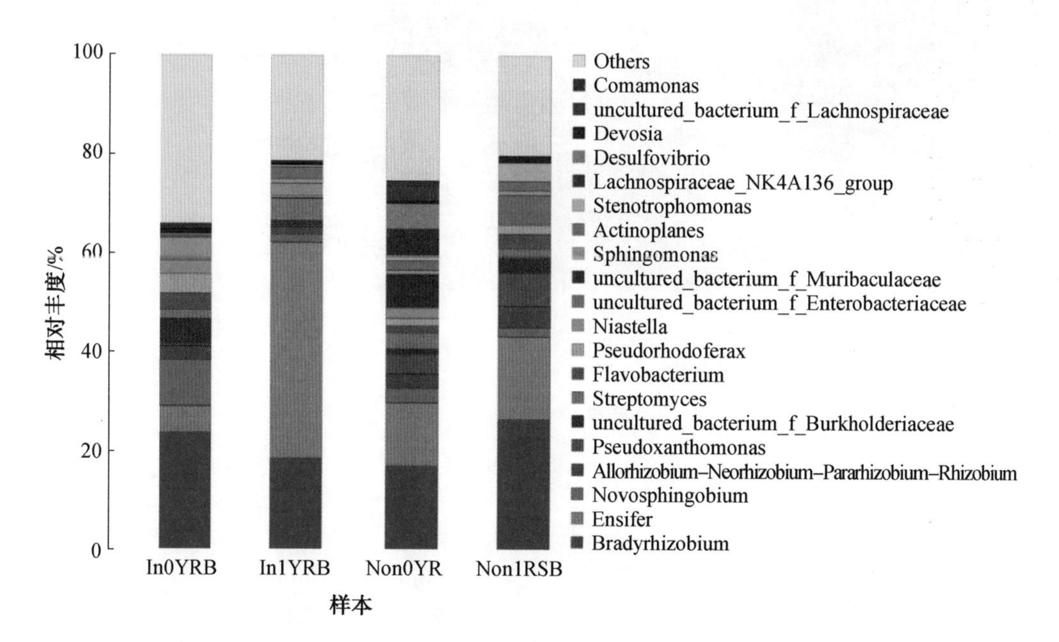
100
80
60
40
20
0
相对丰度/%
In0YRB
In1YRB
Non0YR
Non1RSB
样本
Others
Comamonas
uncultured_bacterium_f_Lachnospiraceae
Devosia
Desulfovibrio
Lachnospiraceae_NK4A136_group
Stenotrophomonas
Actinoplanes
Sphingomonas
uncultured_bacterium_f_Muribaculaceae
uncultured_bacterium_f_Enterobacteriaceae
Niastella
Pseudorhodoferax
Flavobacterium
Streptomyces
uncultured_bacterium_f_Burkholderiaceae
Pseudoxanthomonas
Allorhizobium–Neorhizobium–Pararhizobium–Rhizobium
Novosphingobium
Ensifer
Bradyrhizobium

图 3.22

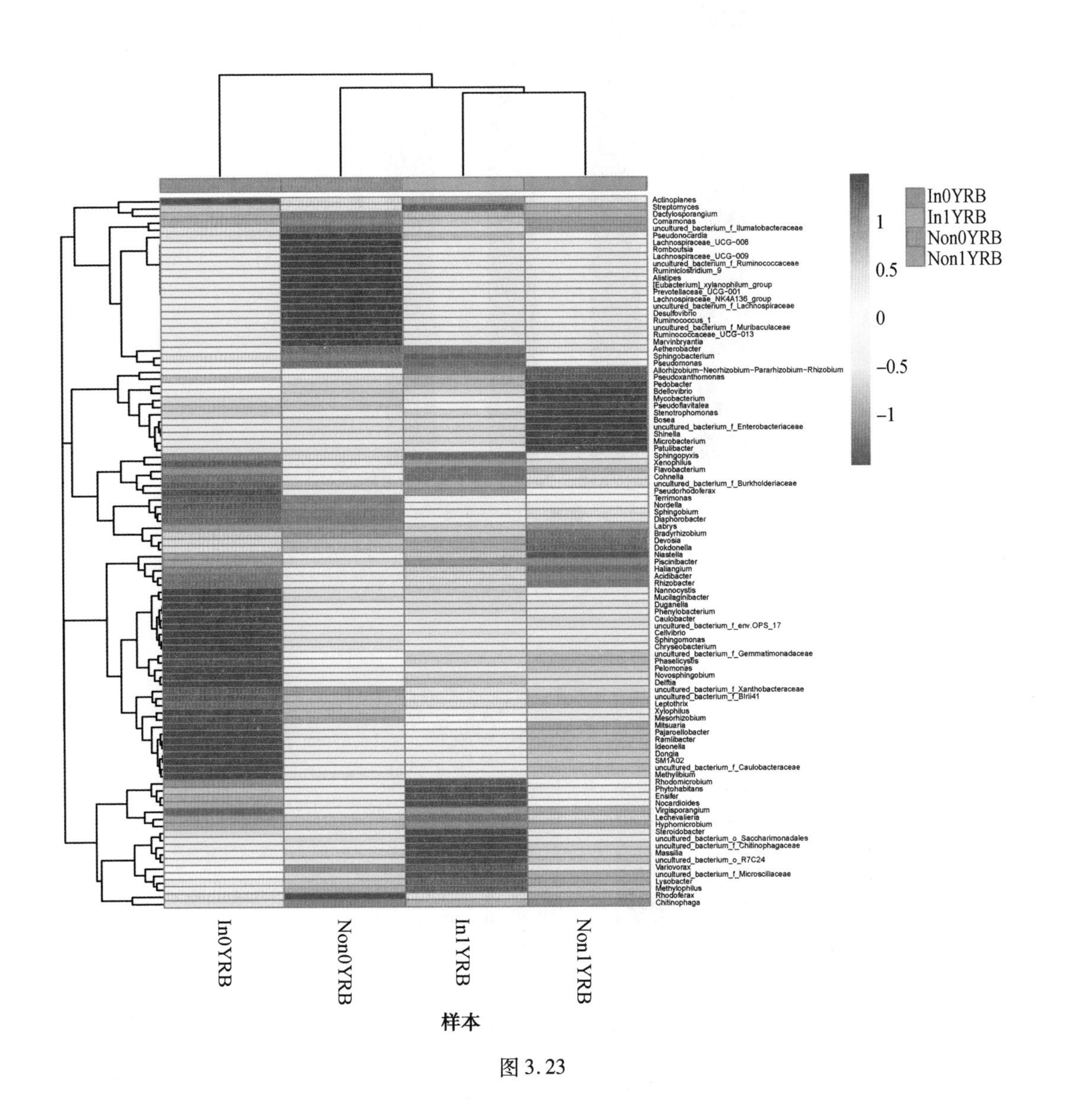

Actinoplanes
Streptomyces
Dactylosporangium
Comamonas
uncultured_bacterium_f_Ilumatobacteraceae
Pseudonocardia
Lachnospiraceae_UCG-008
Romboutsia
Lachnospiraceae_UCG-009
uncultured_bacterium_f_Ruminococcaceae
Ruminiclostridium_9
Alistipes
[Eubacterium]_xylanophilum_group
Prevotellaceae_UCG-001
Lachnospiraceae_NK4A136_group
uncultured_bacterium_f_Lachnospiraceae
Desulfovibrio
Ruminococcus_1
uncultured_bacterium_f_Muribaculaceae
Ruminococcaceae_UCG-013
Marvinbryantia
Aetherobacter
Sphingobacterium
Pseudomonas
Allorhizobium-Neorhizobium-Pararhizobium-Rhizobium
Pseudoxanthomonas
Pedobacter
Bdellovibrio
Mycobacterium
Pseudoflavitalea
Stenotrophomonas
Bosea
uncultured_bacterium_f_Enterobacteriaceae
Shinella
Microbacterium
Patulibacter
Sphingopyxis
Xenophilus
Flavobacterium
Cohnella
uncultured_bacterium_f_Burkholderiaceae
Pseudorhodoferax
Terrimonas
Nordella
Sphingobium
Diaphorobacter
Labrys
Bradyrhizobium
Devosia
Dokdonella
Niastella
Piscinibacter
Haliangium
Acidibacter
Rhizobacter
Nannocystis
Mucilaginibacter
Duganella
Phenylobacterium
Caulobacter
uncultured_bacterium_f_env.OPS_17
Cellvibrio
Sphingomonas
Chryseobacterium
uncultured_bacterium_f_Gemmatimonadaceae
Phaselicystis
Pelomonas
Novosphingobium
Delftia
uncultured_bacterium_f_Xanthobacteraceae
uncultured_bacterium_f_Blrii41
Leptothrix
Xylophilus
Mesorhizobium
Mitsuaria
Pajaroellobacter
Ramlibacter
Ideonella
Dongia
SM1A02
uncultured_bacterium_f_Caulobacteraceae
Methylibium
Rhodomicrobium
Phytohabitans
Ensifer
Nocardioides
Virgisporangium
Lechevalieria
Hyphomicrobium
Steroidobacter
uncultured_bacterium_o_Saccharimonadales
uncultured_bacterium_f_Chitinophagaceae
Massilia
uncultured_bacterium_o_R7C24
Variovorax
uncultured_bacterium_f_Microscillaceae
Lysobacter
Methylophilus
Rhodoferax
Chitinophaga
1
0.5
0
−0.5
−1
In0YRB
In1YRB
Non0YRB
Non1YRB
In0YRB
Non0YRB
In1YRB
Non1YRB
样本

图 3.23

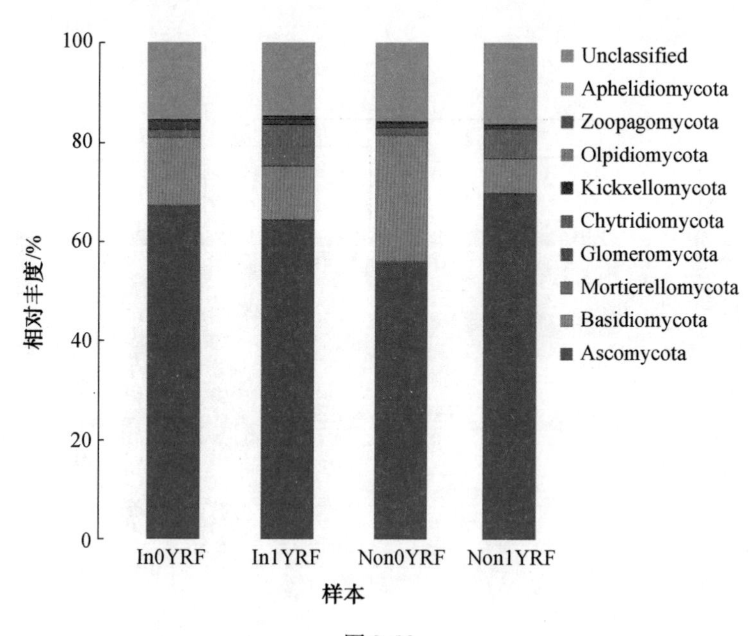
100
80
60
40
20
0
相对丰度/%
In0YRF
In1YRF
Non0YRF
Non1YRF
样本
Unclassified
Aphelidiomycota
Zoopagomycota
Olpidiomycota
Kickxellomycota
Chytridiomycota
Glomeromycota
Mortierellomycota
Basidiomycota
Ascomycota

图 3.29

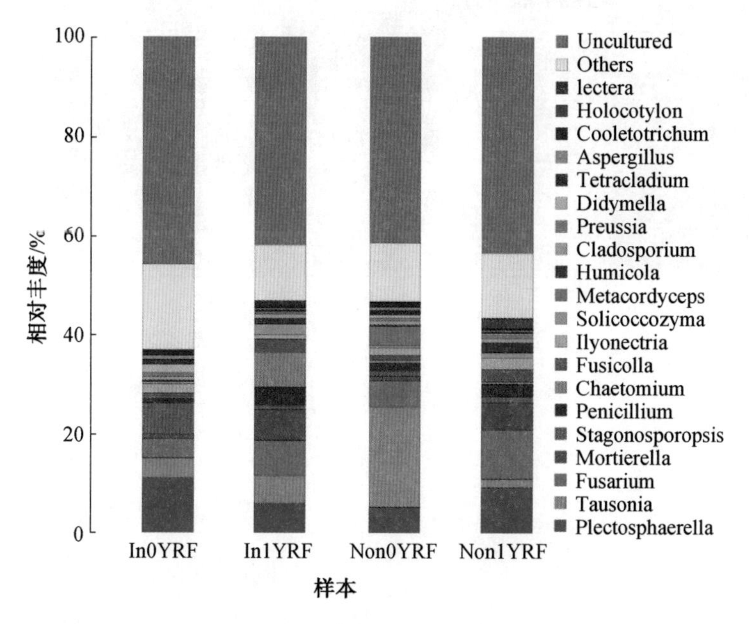
100
80
60
40
20
0
相对丰度/%
In0YRF
In1YRF
Non0YRF
Non1YRF
样本
Uncultured
Others
lectera
Holocotylon
Cooletotrichum
Aspergillus
Tetracladium
Didymella
Preussia
Cladosporium
Humicola
Metacordyceps
Solicoccozyma
Ilyonectria
Fusicolla
Chaetomium
Penicillium
Stagonosporopsis
Mortierella
Fusarium
Tausonia
Plectosphaerella

图 3.30

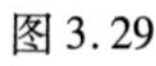

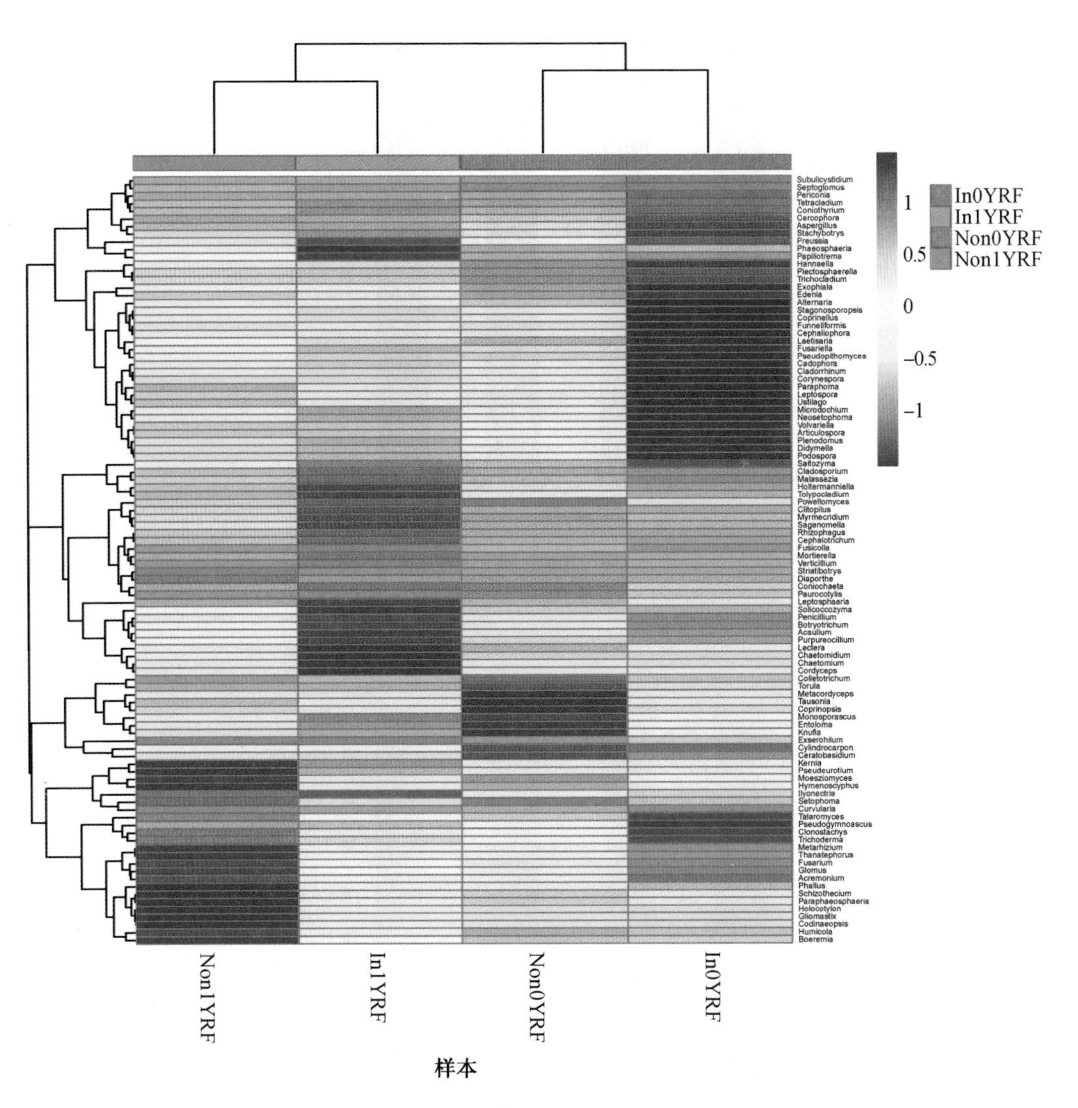
Subulicystidium
Septoglomus
Periconia
Tetracladium
Coniothyrium
Cercophora
Aspergillus
Stachybotrys
Preussia
Phaeosphaeria
Papiliotrema
Hannaella
Plectosphaerella
Trichocladium
Exophiala
Edenia
Alternaria
Stagonosporopsis
Coprinellus
Funneliformis
Cephaliophora
Laetisaria
Fusariella
Pseudopithomyces
Cadophora
Cladorrhinum
Corynespora
Paraphoma
Leptospora
Ustilago
Microdochium
Neosetophoma
Volvariella
Articulospora
Plenodomus
Didymella
Podospora
Saitozyma
Cladosporium
Malassezia
Holtermanniella
Tolypocladium
Powellomyces
Clitopilus
Myrmecridium
Sagenomella
Rhizophagus
Cephalotrichum
Fusicolla
Mortierella
Verticillium
Striatibotrys
Diaporthe
Coniochaeta
Paurocotylis
Leptosphaeria
Solicoccozyma
Penicillium
Botryotrichum
Acaulium
Purpureocillium
Lectera
Chaetomidium
Chaetomium
Cordyceps
Colletotrichum
Torula
Metacordyceps
Tausonia
Coprinopsis
Monosporascus
Entoloma
Knufia
Exserohilum
Cylindrocarpon
Ceratobasidium
Kernia
Pseudeurotium
Moesziomyces
Hymenoscyphus
Ilyonectria
Setophoma
Curvularia
Talaromyces
Pseudogymnoascus
Clonostachys
Trichoderma
Metarhizium
Thanatephorus
Fusarium
Glomus
Acremonium
Phallus
Schizothecium
Paraphaeosphaeria
Holocotylon
Gliomastix
Codinaeopsis
Humicola
Boeremia
1
0.5
0
−0.5
−1
In0YRF
In1YRF
Non0YRF
Non1YRF
Non1YRF
In1YRF
Non0YRF
In0YRF
样本

图 3.31